U0071876

牛排全蒐錄
喫牛

〔推薦序〕

滿滿思念味的牛排事

認識Tony很久了，快……二十年了吧！現在，居然寫起書當起作家了，不只新鮮也令人開心。

以前在美式餐廳共事的時候我是老鳥員工，他則是菜鳥實習經理，雖然不至於戲弄欺負於他，但看著他老實的外表和個性，心裡默默覺得……不曉得這個嫩貨會不會吃不了苦、禁不起大公司的明爭暗鬥，然後在某個時刻消失不見，直接棄械投降，然後……。沒想到在這麼多年之後，記憶中當年在餐飲業界叱吒風雲的人物早已不知人在何方，Tony卻仍然在這個他最愛的產業中活躍，而且熱情不減，重點是，他也太熱情了吧 ?! 不但把豐富的餐飲經驗累積，還專修了更多的專業知識！在我拜讀他這本書時，把書前前後後的翻了翻、翻了又翻……，這、這真的是我認識的那個Tony嗎？

是耶！是那個不虛華、不取寵的人，一直默默地、務實地累積自己喜愛的知識，在適當的時候加以發揮所長的天真浪漫小子，他就這樣造福了大家，告訴大家新鮮趣味的牛排事！

藝人／張本渝

〔推薦序〕

打開牛肉世界的最佳讀本

蔡毓峯總經理，朋友們都稱他Tony，是我在國內求學的同班同學，也是國外求學的同學與室友，更是回國後在餐飲業界工作的好夥伴，最重要的是，他是我在學界與產業界的重要橋梁。

Tony一直是我崇敬的對象，他從專科時期就展現出他對餐旅業的熱情。畢業至今，Tony從任職T.G.I Fridays國際連鎖餐廳專業經理人、台維餐廳旅館管理顧問有限公司顧問師、連苑日式涮涮鍋連鎖店，及COCO泰式風味料理連鎖餐廳營運部經理，到目前擔任國際連鎖勞瑞斯牛肋排餐廳（Lawry's The Prime Rib, Taipei）總經理，已經在餐飲業領域二十多年，可說是名副其實的專業餐飲經理人。

Tony除了具有專業的餐飲管理與開發知識外，亦撰寫多篇與餐飲相關的教科書，當他告知我這本《喫牛：牛排全蒐錄》即將問世，是一本他在勞瑞斯牛肋排餐廳工作十幾年後，想要分享給所有讀者了解牛排本身的價值，與告訴讀者——人人可成為美食家時，我花了一整天閱讀本書。這本書圖文並茂，分三個步驟引領讀者進入牛肉的世界。從牛排全概念之認識牛肉與挑選牛肉，並帶領讀者遊覽世界認識牛排烹調方式與牛排要怎麼吃，最後推薦讀者國內有特色的牛排餐廳……，讓大眾輕鬆閱覽及讓所有愛吃美食的人都可以成為非專業美食家的隱性饕客。

此書不僅多面向而且相當適合大眾賞閱，也是可以端看你閱讀的目的來決定這本書的價值。因為，未來想從事餐飲業的學子與餐旅科系的教師可以藉由此書內容，充實專業採購與服務知識；大眾消費者則可以認識牛排，知道如何享受吃牛排的趣味；家庭主婦也可以認識牛排的營養價值，懂得如何挑選與了解烹調上的巧思。

讀者們，這本書值得蒐藏，它將為各位打開牛肉的世界，也帶領各位進入品味牛排美食的饗宴。

銘傳大學觀光學院餐旅管理學系副教授兼系主任／陳柏蒼

〔推薦序〕

一本色香味都齊的牛排書

古時有庖丁解牛訓養生之道，21世紀的台灣，則有蔡毓峯為大家解析牛排。毓峯品頭論足起牛來，一樣游刃有餘，這本《喫牛：牛排全蒐錄》，從牛的品種、產地與畜牧方式談起，一路講述肉的質地、等級、熟成、料理差異及佐料搭配，另外再輔以趣聞史料，細緻呈現一份優質牛排應有的色香味。

毓峯在業界不但有豐富的管理經驗，平日也在大學兼課，傳授自己對餐飲、對牛排的深刻見解，來自台東的他，特別有種自然、開闊的氣質，對慢活也格外嚮往，本書除了教人咀嚼、享受牛排，也指出一條通往品味生活家的道路。特別在此推薦之。

台東縣長／黃健庭

〔推薦序〕

用熱情與感謝的心呈現牛排的世界

毓峯是我血緣與相處都親近的小堂弟。猶記得三十多年前，我還曾擔任過他的家庭教師，那是在他還很調皮、好動的國中階段，我暑假從大學回台東渡假時，負責看管毓峯幾門功課。那時的蔡毓峯，一雙大眼睛骨碌碌轉，與我坐在書桌前時，雖然已把運動過後的大汗淋漓洗得香噴噴了，但心思卻常常還留在運動場或游泳池中。所幸，在他極有遠見的父母的堅持下，這個靈活好動的小堂弟，沒有捨棄求學階段中的任何一樣基礎功，以興趣為方向穩紮穩打地充實自己，兼顧知識與實務，走出了一條志趣與成就鋪設而成的羅馬大道。

也是因為不斷的充實知識與長時間投入實務，所以讓毓峯能把一塊吃進肚子就不見的牛排，組織成一本實用好看的書。在資訊掛帥的今日，他構築這本書時卻不斷裂，把有用的知識從生活的裡外、市場的經緯觀察、烹調的技術分析，還有餐飲經營者、技術者加諸於其中的影響都仔細道來，立體地傳遞了入行所得的經驗。他淺出地分享了自己的想法給身在行外的一般消費者，也深入地提供了觀察給想要入行，或已在行內的餐飲從業人。

這不是毓峯的第一本書，他在此之前寫的大學教科書《餐廳開發與規劃》我曾細細拜讀，在許多扉頁中，我想起這個小弟從美國回來後的所有努力過程。他有難能可貴的自我堅持與我所敬佩的工作忠誠。想起十幾年前我坐在高雄星期五美式餐廳的吧台看他如何熟練地調酒；也想起在京華城勞瑞斯牛肋排餐廳的包廂內，曾享用他親自為我們三代家人做可麗餅的情景……；但在這些成長的點與點之間，我錯過的、也是我所深知的，是一個餐飲從業人員日復一日的不能倦怠。

這種極疲倦後隔天再打起精神的完美反覆，二十幾年來，奠基成毓峯厚實的專業，也因為有了這樣的基礎，他才沒有把這本書寫成高消費式的指南，賣弄內行門道與外行熱鬧的訊息書。書中有一種我所欣賞的、談論美食應該有的寬厚，充滿理解、不強人所難、也不讓人心生不如的隔閡。

我也很高興毓峯用一種誠實的角度來探討現今餐飲市場上，牛肉食材的供應。例如第77頁中，他討論了重組牛肉的面面觀。選擇食材與每一個人的經濟預算、場合考量有著密切關係，我們不怕吃進去的不是頂極的食物，只怕吃下來路不明的食物，或為食物付出了不該給予的情感與價錢。毓峯這段說得好，整理起來應該是說：消費者要以常識來推想食材的合理性；供應者則要以良心為本位，誠實告知採用的來源；雙方都不在廣告詞句上舞弄食物，而以感謝的心來了解供與受之間的真實關係。

我很榮幸為毓峯寫這篇序，但願蔡家人對於飲食的熱情一直耕耘於實務的投入與文字的分享。

親子教育及美食工作者暨作家／蔡穎卿

〔推薦序〕

如果你熱愛美食

如果你熱愛美食，那你肯定喜歡牛排，牛排是眾多熟食中最「善變」的性格小生；三分熟、五分熟、七分熟，無論你跟他熟不熟，牛排都可依照你個人的生熟度喜好，豐富你的味蕾。

如果你熱愛牛排，那你肯定該認識Tony，Tony是餐飲業內最富學養的專業經理人；總經理、教師、美食家，無論你認識的是他的哪個身分，只要你想懂餐飲，Tony絕對會是你學習過程中的良師益友。

如果你認識Tony，那你絕對不能錯過這本《喫牛：牛排全蒐錄》。這本書猶如少林寺藏經閣般，蒐集了所有關於牛排的大小事；菲力、沙朗、紐約客，無論你想了解的是牛排的哪個部分、或哪個故事，這本《牛排全蒐錄》都將帶給你最好的解答。

EZTABLE 易訂網戰略合作副總經理／蕭至瑋

前言

西式料理的一片天

比起十年前，這幾年西餐的餐飲市場最大的變化，大概就是不同型態的西式料理在市場上的消長變化了。不管是年輕朋友所習以為常的美式餐飲，或是濃郁歐陸風格的法式、義式，甚至西班牙料理，都在台灣各有自己的一片天，這些都是筆者在餐飲業界多年一直所觀注的，到底牛排餐在台灣擁有什麼樣色彩的天空，而又有多少擁戴者、同時又有多少人懂得怎麼吃牛排，筆者想要帶給讀者的是，認識並看一看牛排餐的天空，不管你是不是饕客。

牛排餐在台灣的西餐市場起步甚早，這幾年更是席捲全台饕客的味蕾，於是所有關於牛排的一切，似乎都成了專業的餐飲聖經被饕客們所信仰。大家都在瘋牛排，大家也都在討論或介紹不同部位會有什麼樣不同的口感，調味鹽或辛香料如何搭配會更美味、也更提味，乾式熟成又比濕式熟成來得多有學問、多有噱頭等等，近年來更有極黑牛、安格斯、戰斧牛排、老饕牛排這些字眼，充斥在各大媒體雜誌的版面……。

話說回來，不是說經濟不景氣嗎？怎麼聊到了牛排這個話題，景氣不好餐飲業也會跟著不景氣嗎？筆者印象中卻還深刻的記得2012年父親節（那天是星期三）的那個檔期，從8月3日（星期五）一路忙到了8月12日（星期天），這十天是我在餐飲業服務了近二十年，不曾有過的異常忙碌的父親節檔期。畢竟在台灣，父親節向來不像母親節般受重視，而母親節當然更沒有情人節來得被重視，所以這十天的忙碌讓我有了很深刻的記憶與體會。事後和同業朋友聊到這段異常忙碌的父親節檔期時，大家所能夠歸納出來的結論是：一來，景氣即使不好、平常即便再節省，到了節日仍應孝順與慰勞自己和家人；二來，正是因為景氣不好，高消費的旅遊慰勞支應不了，中國人逢年過節總免不了吃，而肉類（特別是牛排），在這樣的時空環境因素下，最有療癒的效果，這一來一往談天說地，聽來莞爾卻也不無道理，也就有了牛排書的寫作，當然書的出版已是後話了！

牛排的過往，西餐的故事

在書裡我們會聊聊關於牛排的點滴，如牛肉的產地、不同產地的分級制度、不同牛種、不同部位、不同口感和烹飪方式、如何搭配會更好吃，以及幾道經典的牛排料理，順便也會推薦幾家不錯的牛排館。然而，要說到牛排餐似乎又不得不從台灣的西餐史簡單的聊起。

國中時，偶然機會裡隨父親北上，父親帶著我去號稱台灣西餐廳的先驅——位在台北市民生西路上的波麗路餐廳用餐。用餐時，他曾提及這家餐廳可是大名鼎鼎頗有來歷，但讓我記憶深刻的卻是，這家餐廳是我父母親1963年相親時的餐廳。後來隨著年紀的增長，也漸漸有機會對這家餐廳有了些瞭解。

1934年成立的波麗路西餐廳，或許因為早年日據的關係，在菜單餐點的設計和風格上多少受了日本飲食文化的影響，賣的西餐正確來說應該是咖哩飯、燉牛肉之類的和風洋食。以台灣當時的貧困程度，要想在波麗路這種高消費餐廳用餐，一般的市井小民也只能在特別重要的日子，才可能湊足預算踏進這種餐廳。極盛時期，波麗路西餐廳曾經擁有兩個店面、百位員工和近四百個座位，即使是近八十年後的今天，除了辦喜慶宴會的餐廳之外，要找到有四百個座位的餐廳依然不易，更遑論是西餐廳了！

讓波麗路西餐廳引以為傲的是，她們的常客可都是台灣早一輩的已故大企業的創辦人，例如新光集團的吳火獅、中信集團的辜振甫、國泰集團的蔡萬霖，以及台塑集團的王永慶。現今的波麗路餐廳依然屹立在民生西路上，2006年時還被台北市政府認列為歷史建物，並且在去年作了局部的裝修，但依然保留住早年的風華，有興趣的朋友不妨去朝聖一下。

1967年，隨著美軍駐台成立了「美軍顧問團軍官俱樂部」，真正把美式西餐帶進了台灣。讀者就算來不及參與這個台灣開始西化的年代，也常可以從一些文章中讀到美軍軍官俱樂部的點點滴滴。在當年，美軍俱樂部幾乎與西洋文化、西洋餐點劃上等號。在這個俱樂部裡有的是可口可樂、薯條、漢堡、牛排這些當時台灣人相當陌生的餐點，同時也讓許多當年在俱樂部裡工作的台籍廚師，將所學所聞漸漸的帶向整個台灣。1970年代的中山北路也因為地利之便，成了台北市最洋化的街廓，美國大使館（今台北之家—光點台北）也同樣落腳於此。

1970至1980年代，是台灣經濟逐漸起飛的黃金歲月，在那個政府鼓勵號召「客廳即工廠」的年代，台灣成了全球重要的代工國家，百姓辛勤的工作反應在日漸豐厚的

▲ 東風美食新聞主持人天心及美食家姚舜與筆者開心暢談美食

積蓄上，再加上觀念上逐漸接受西化，讓改良過的台式西餐牛排漸漸在市場上嶄露頭角，而最具代表性的餐廳就屬孫東寶牛排了。即使到三十多年後的今天仍有少數幾家連鎖分店，而台灣的許多平價牛排館依然遵循著這樣的排餐路線，千島醬沙拉灑點花生粉和葡萄乾、熱騰騰奶香味十足的酥皮玉米濃湯、滋滋作響的鐵板牛排附上麵條、荷包蛋並淋上濃郁的黑胡椒醬或蘑菇醬，已經成為大人小孩都愛不釋口的經典款台式牛排。

這個年代除了孫東寶牛排館之外，各式各樣的美式速食店和西餐廳也逐漸在市場上露臉，從早期的木船民歌西餐廳、女王漢堡、台北車站周邊商圈的綠洲西餐廳、麥當樂速食店……，乃至在1984年初，西式速食龍頭麥當勞正式進駐台灣，為台灣的西餐史畫下一個新的重要里程碑。而在這個時期，還有兩個值得提到的品牌，分別是來自台塑企業招待所的廚師所創立的聯一西餐廳，標榜著台塑招待所特有中西混合料理的「12分熟縱切牛小排」，以及當時台北市最高檔的牛排館——台北希爾頓飯店（今台北凱撒飯店）的Traders Grill牛排館莫屬了。現今台北市晶華酒店的資深協理Robin就曾在接受媒體訪問時，提到他當年服務的Traders Grill有多火紅，他們每次透過國際連鎖飯店系統請來客座主廚推出新菜式，總能引起全台同業競相模仿，產生了一個奇特現象——「只要希爾頓做某國料理，接下來三個月全台灣都是一樣的菜」，要說是希爾頓飯店統整了台灣西餐路線、奠定台灣西餐樣貌，可說是一點也不誇張。

1990年代，台灣的外商愈來愈多，出國留學後返台工作的年輕人也多，給了國外品牌進入台灣市場一個良好的契機。美式餐飲的大舉入侵，讓台灣西式餐飲掀起一股流行風潮，如時時樂餐廳（Sizzler）、龐德羅莎（Ponderosa）、星球好萊塢（Planet Hollywood）、硬石餐廳（Hard Rock Café）、星期五餐廳（TGI FRIDAY'S）、茹絲葵餐廳（Ruth's Chris）等，相繼登台。這個時期可說是國際連鎖品牌進到台灣最集中的年代，而且多半走的是美國南方風味，或美墨口味的美式餐點，如辣雞翅、洋蔥圈、漢堡薯條、法士達、義大利麵、披薩等都在菜單選項中，而牛排更是這些餐廳裡不可或缺的一個重要選項。這個年代除了這些美式餐廳之外，各家法式、義式，甚至加州餐廳也都陸續開張，讓饕客們有了更多元的選擇，這個時期可說是台灣西餐領域最風騷、最熱鬧的年代，而法式餐廳又以由Jimmy張振民主廚所開立的法樂琪法式餐廳最具代表性。

到了21世紀，台灣的牛排館漸漸走向專業和精緻化，先是來自美國的茹絲葵餐廳於1993年在台北開店，稱得上是台灣第一家國際連鎖的專業牛排館；2002年來自比佛利山莊，創立於1938年的勞瑞斯牛肋排餐廳，和位在台北華國洲際飯店的帝國牛排館（Sonoma Grill）則相繼在夏天和冬天開幕，緊接著像是西華飯店的Toscana餐廳、晶華酒店的Robin's牛排屋、國賓飯店的A Cut牛排館，乃至於這幾年維多利亞酒店的No 168 Prime牛排館，與位在內湖的教父牛排館以及2014年初在台中開幕的MEATGQ STEAK等等，全部都是高價位的頂級牛排館，每一家各有優勢和風格。就這樣子，看似高度競爭，卻也一起把牛排市場給做大了，更難能可貴的是，大家一同教育了這個市場，讓牛排的各個眉角開始讓饕客們認識，並且愛到無法自拔，無論是肉品的級數、熟成的天數、服務的橋段、師傅的功力，甚至烤箱的特色，都成了饕客們茶餘飯後的話題。

▲ 筆者到比佛利山莊創始店受訓時的留影

餐具、爐具與調味

這些高檔的牛排餐廳除了各自有不錯的品牌背景或名人名廚加持外，在葡萄酒的選擇、餐具的選擇、甚至爐具的選擇也都下了一番功夫讓饕客們直呼感動。動則數百瓶的醇酒放在恆溫、恆濕的酒櫃中保存，別說是喝，光用看的就已讓人陶醉不已。

來自各國名牌甚至手工打造的牛排刀每把台幣數千元起跳，放在精美的原木盒裡透過服務員在桌邊呈現讓客人挑選、或是鍍銀的全套餐具也都讓台灣的饕客們得到前所未見的高度尊榮和寵愛。原來，吃牛排也可以這麼有帝王之尊的感受，原來餐廳的爐具可以以轎車的價格作單位來採購，少則50萬多則上百萬元價值的各式烤箱，也是以前不曾聽到的天文數字。而勞瑞斯牛肋排餐廳獨有的銀色餐車，更是標榜著手工打造符合熱氣體動力學，逐桌桌邊服務的特色，每台不含關稅運費就高達100萬台幣，業者更是不惜重本一次採購了五台，令人不敢望其項背。

©快樂小館牛排西餐

隨著餐飲的潮流和對食物原味的堅持，醬料不再如過往般受青睞，取而代之的是夏威夷火山鹽或竹葉鹽、日本兵庫縣岩鹽、安地斯山脈、喜馬拉雅山山脈的玫瑰鹽、法國舉世聞名的鹽之花等，都成了牛排的最佳搭檔。而歐陸風味十足的英式或法式芥末醬、新鮮研磨的辣根也都同樣有死忠的饕客愛不釋口。

我是台東子弟，從小在旅館長大，家族除了擁有三間旅館、一家戲院，也曾經營過遊覽車和義大利餐廳生意，十足是個血液裡流著觀光餐旅血統的後生晚輩。專科念的是觀光，大學和研究所念的是餐旅管理和企業管理。我一路走來有幸多有貴人扶持教導，參與了泰式餐飲、美式餐飲、義式餐飲，乃至於現職的國際連鎖頂級牛排館，都能躬逢其盛，也樂在其中。2002年春天，帶著業主的深切期許和自我的鞭策動力，我有幸前往比佛利山莊這家七十五年歷史的勞瑞斯牛肋排餐廳取經磨練，並且深入參與了過去十一年的點點滴滴，熬過了SARS、狂牛症、瘦肉精的風波，除了感觸，更有的是前瞻未來的動力。在接下服務十周年的鑽石K金勳章時，是榮耀、更是一份傳承經驗和知識的責任。這本書也成了我過去十二年的心情故事和思緒的整理，我有幸在台灣的餐飲業中謀得職位，也有幸能在過去這十多年裡，在各大學裡為後輩學子分享知識和經驗，我感恩所有我認識或不認識的前輩們不藏私地指導，也感恩家人一路走來衷心的相挺支持，我以身為台灣餐飲業的兵卒感到榮耀！

蔡毓峯　2014年5月

Contents

PART ONE

FARM TO TABLE—上游・從牛談起

FARM TO TABLE—中游・牛肉選一選

FARM TO TABLE —下游・廚房與餐桌上的牛肉

Contents

PART ONE

牛排全概念

台灣有本地牛肉與來自以美澳紐為大宗的牛肉，肉味與肉質各不相同，
一想到牛排，一塊肉或厚或薄地在盤上滋滋作響的影像，
想必讓愛吃牛排的國人，想著想著口水也溢著。

一般人接受牛排的程度是愈來愈高了，除了好吃與代表著品味外，
牛肉的營養價值高是國人接受牛排的另一個重要因素，
當然鐵質和蛋白質是最為消費者所熟知的，也是國人會主動採買的主要動因；
此時，選購的訣竅就很重要了，除了顏色、外觀、價格、生產履歷安全認證外，
或許可以拿起來聞一聞，不夠新鮮的牛肉通常會泛出酸味或帶著微微的焦味，
當然這並非必然，您所累積的經驗才是重點。

Unit 1-1

牛｜肉｜的｜營｜養｜價｜值

國人隨著飲食習慣的西化，接受牛排的程度愈來愈高，餐飲的趨勢潮流改變著人們的飲食習慣，對食材的挑選也就更加嚴格了。牛肉均衡且極具營養價值已被證實並廣泛報導，是國人喜愛並接受牛排的另一個重要因素。

你可能不知道牛肉的營養價值高於國人經常食用的其他肉類，牛肉當中的鐵質和蛋白質是最為一般消費者所熟知，下面我們來看看牛肉的營養價值：（美國肉類出口協會官網，2013）

3盎司85公克精瘦牛肉的營養成份到底有哪些

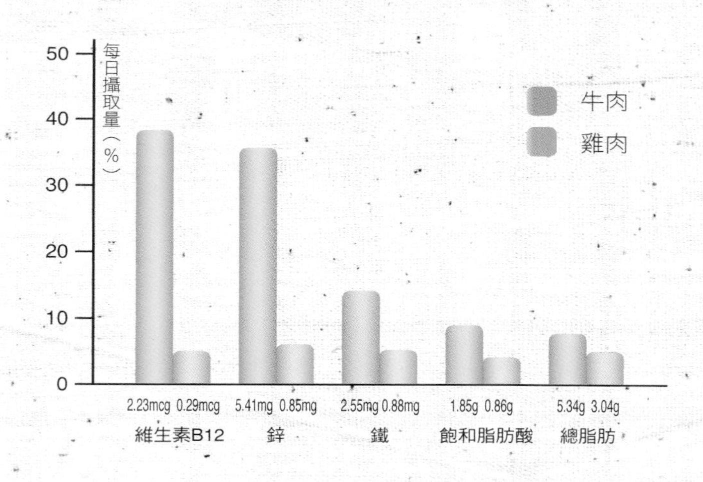

©整理自美國肉類出口協會官網

註：mcg是microgram的縮寫，意為百萬分之一公克。
mg是milligram的縮寫，意為毫克（千分之一克）。
g是gram的縮寫，即公克。

3盎司精瘦牛肉的營養特色

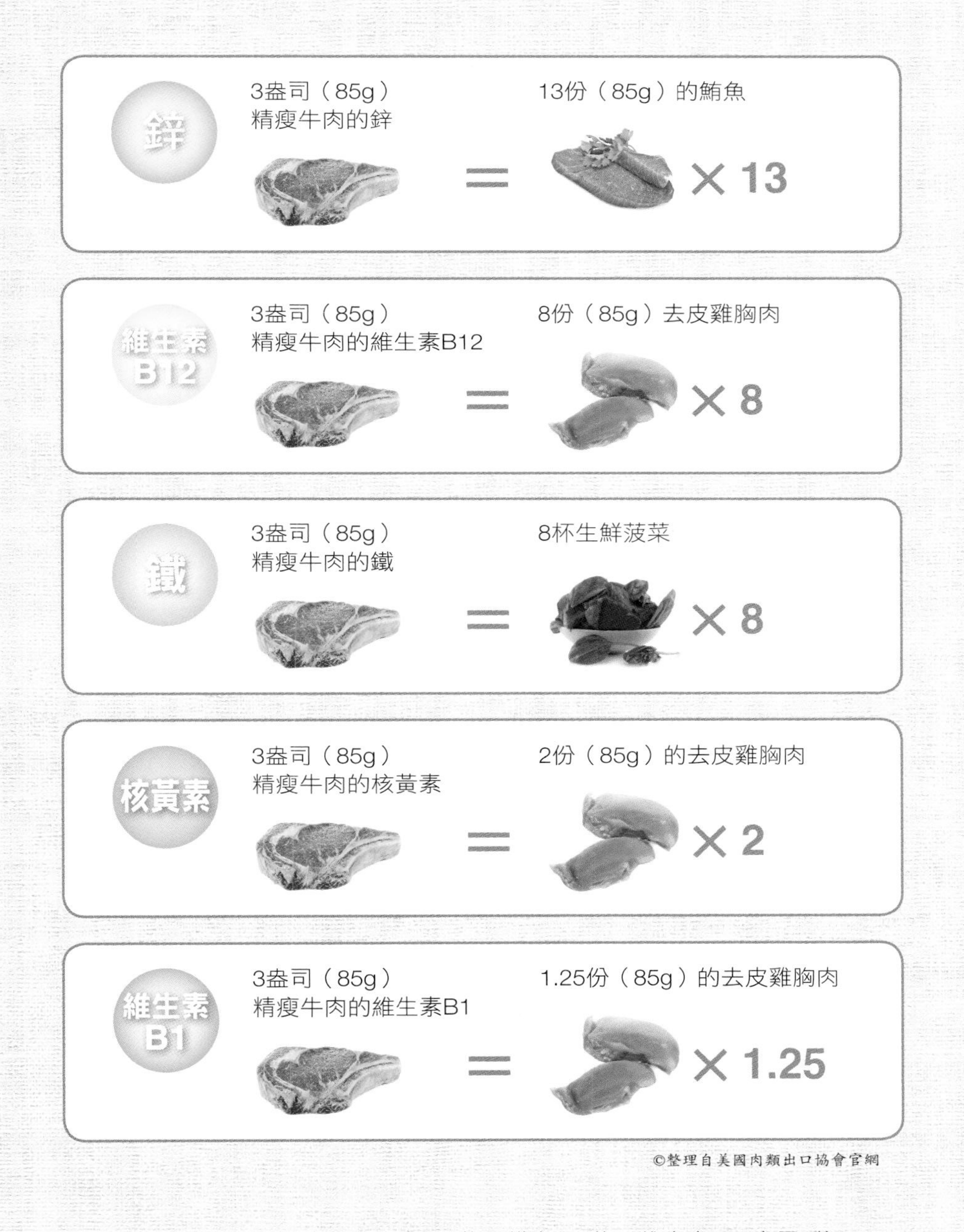

©整理自美國肉類出口協會官網

註：牛肉中的鋅比雞肉中的鋅多了6倍、鐵多了3倍、維生素B12多了8倍。

牛肉的卡路里來源

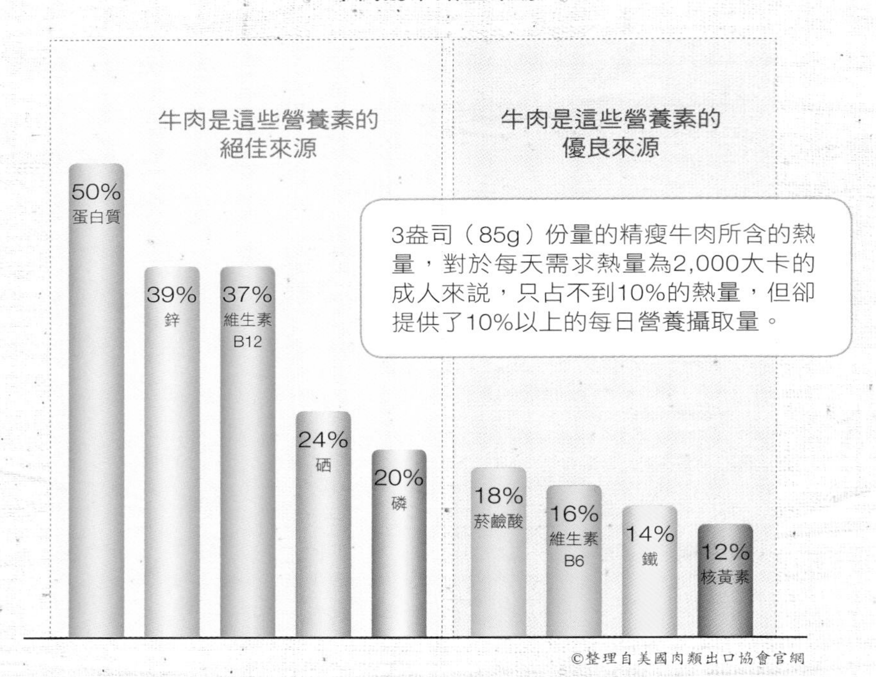

©整理自美國肉類出口協會官網

牛肉、雞肉、魚肉、橄欖油脂肪酸的比較

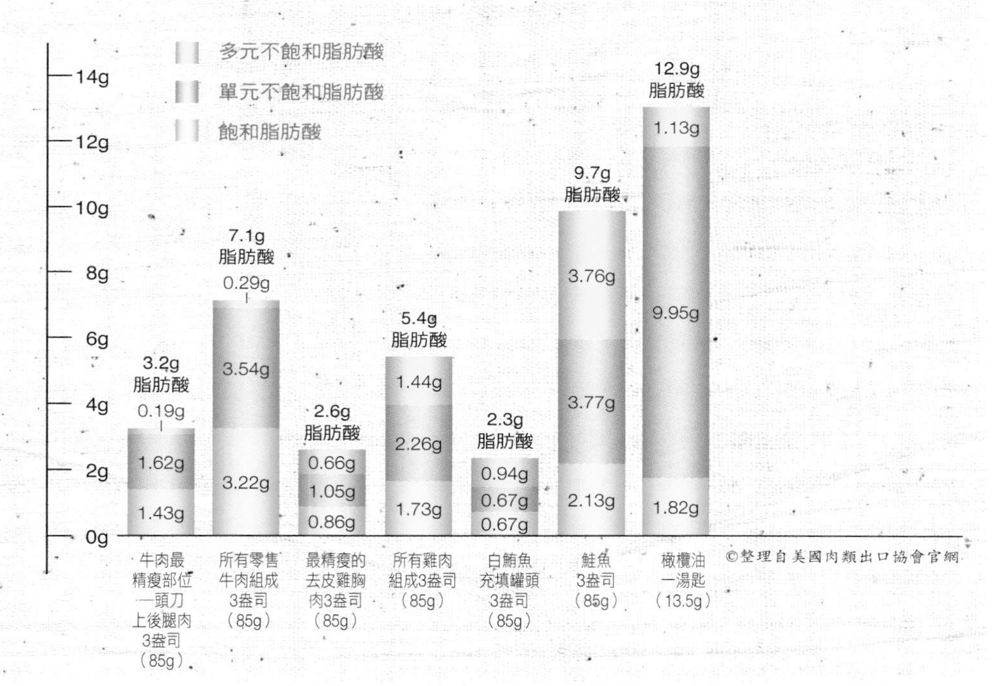

©整理自美國肉類出口協會官網

接下來為讀者談談牛肉主要的營養素。

鐵質

鐵質會在日常生活中從我們人體自然流出，因此適當的補給是絕對必須的。尤其是女性朋友因為體質和生理週期等因素，補充鐵質是飲食中不可不注意的要點。

人體中的各項能量與氧氣都是藉由血液循環，讓血液中紅血球的血紅素幫忙，而鐵質是血紅素不可或缺的元素，鐵質一旦不足，容易造成人們疲倦、暈眩、虛弱、臉色蒼白、甚至心跳加速或心悸；此外，兒童鐵質不足會產生認知力、學習力、記憶力的不足；對於孕婦則可能造成早產，或新生兒體重不足的現象。

一般來說，鐵質可分為血基質鐵（Heme Iron）和非血基質鐵（Nonheme Iron），而肉類的鐵質中約有40%是血基質鐵，其他的鐵質則為非血基質鐵。非血基質鐵除攝自肉類外，也可自蔬果中攝取，但血基質鐵就只能從肉類來攝取了，相較於心臟、肝臟等具高膽固醇的食物，或僅含非血基質鐵的蔬果來說，肉類當然是攝取鐵質的最好選擇！再說，人體吸收血基質鐵的效率遠比非血基質鐵來得高多了。

根據美國肉類出口協會公布的營養分析所述，一份牛肉所含的鐵質是同樣份量菠菜所含鐵質的14倍；此外，行政院衛生福利部食品藥物管理署的網站上也公布了一份牛肉含有1.6mg的鐵質時，相同份量的鮭魚則含有鐵質0.5mg、鱈魚含有鐵質0.2mg，而鮮奶鐵質含量則更低，僅約0.1mg。

人體不同狀態下的每日鐵質攝取建議量

不同階段與生理狀態	建議量
出生到6個月	6mg
6個月到10歲	10mg
11至18歲	12mg
19歲以上男性	10mg
11至50歲的女性	15mg
51歲以上的女性	10mg
孕婦	30mg
授乳婦女	15mg

©美國牛肉技術手冊，美國肉類出口協會發行

鋅

鋅在人體中扮演著防禦者的角色。鋅的攝取量是否足夠直接影響人們對於

生活周遭的細菌病毒的免疫能力，是人體免疫系統中最重要的元素之一。鋅還可以幫助人體內數百種的酵素形成新的細胞，也就是幫助人體保持新陳代謝的良好功能。如果鋅的攝取量不夠，等於新陳代謝也跟著變差，往往膚色會變得粗糙暗沉沒有色澤，甚至掉髮。

鋅的含量

常見食物	鋅含量
牛小排	5mg
豬小排	2.1mg
雞排	1.8mg
火雞	1.7mg
鵝肉	1.5mg
空心菜	0.7mg
菠菜	0.6mg
鮭魚	0.7mg
鱈魚	0.3mg

©行政院衛生福利部食品藥物管理署

蛋白質

蛋白質、糖與脂肪並列人體最重要的三項元素。我們從頭到腳舉凡毛髮、皮膚、肌肉，甚至骨骼、器官都是由蛋白質所建構。人體在製造血液或神經傳導物質時也不能缺少蛋白質這項原料。

筆者學生時代時就曾經聽過體育老師常鼓勵那些練田徑或球類的選手能多攝取牛肉，尤其對於發育期的青少年來說，蛋白質搭配正確的重量訓練，能夠幫助增長肌肉，讓正值青春期的小男生個個躍躍欲試，無非不是希望自己成為肌美男。事實真是如此嗎？答案是肯定的！因為動物蛋白和人體肌肉蛋白結構相近，牛肉本身就是屬於一種高蛋白富含多種氨基酸和礦物質元素的食物。尤其是蛋白質的含量高達21%，豬肉、羊肉則約只15%，豆類食品雖可高達30%，但是屬於植物性蛋白質。

牛肉的其他營養元素

舉凡核黃素、硫胺素、菸鹼酸、維生素B群、維生素C、碘、硒、鉀、鈣、鎂、磷等都是牛肉富含的各項元素，簡單說來牛肉是營養均衡且充足的食物。當然啦！凡是過與不及都不是好事，國人十大死因中有七項都與慢性疾病有關，所以好吃歸好吃，筆者還是建議各位均衡飲食、經常運動是保持健康的王道。

▲ 好士登牛

Unit 1-2

從｜牛｜談｜起

在台灣一般消費者最熟知、也最常聽到的應該是安格斯牛種了。就商業角度來看，牛的日常畜牧管理、生育管理、疾病和健康管理，尤其是屠宰後牛肉的風味與脂肪含量，是牛產業很重視的元素，因為這些都是選擇牛隻品種時的重要參考。究竟這有何重要，讀者只要看看許多餐廳在文宣菜單、甚至招牌上，都直接把安格斯認證的標章放上去就可探知一二，更別說還有安格斯認證餐廳了，例如東西小棧西餐牛排餐廳。會有這些做法，說穿了就是為了討好消費者。

知名牛種

安格斯牛　Angus

安格斯牛屬於古老的小型牛品種，源自於英國的阿伯丁與安格斯及金卡丁等郡及蘇格蘭一帶，原本是紅色的毛色，後來經過與其他黑色毛的牛隻混種後才發展出黑色安格斯牛種。

外型黑色、無角是黑色安格斯牛種重要的特徵，故俗稱為「無角黑牛」。目前安格斯牛種在其他各主要牛肉生產國被廣泛飼養著，並且隨著各國的飼養方式的差異，口感上也發展出不同的獨特性。

所謂的安格斯標章，其實就是「安格斯牛肉認證」（Certified Angus Beef），簡稱CAB；要知道符合CAB的安格斯黑牛，它的價格可比一般的安格斯黑牛還貴。

安格斯認證牛肉比一般美國農業部（USDA）認證的牛肉多了九道認證標準，除了品種、油花之外，尚必須通過更嚴謹的認證程序，所以美國安格斯牛肉協會於1978年，除了將牛肉品牌化，還製作了更多細節規範，藉以讓這個品牌的牛肉獲得更好的聲譽，贏得消費者的青睞。

©紐西蘭肉品局

安格斯認證協會官方網站公布的「安格斯牛肉十大特點」

大理石紋和成熟

特點一 普通量（Modest）以上等級的大理石紋脂肪含量，以確保客戶的滿意度
特點二 中等或精細的大理石花紋紋理，以確保每一口都能有一致的風味和多汁性
特點三 只採用A級（九至三十個月齡）的牛肉，以確保牛肉最佳的色澤、質地結構和嫩度

三個規格，確保牛排大小的一致性

特點四 10至16平方英寸的眼肌面積（指家畜背部最長肌的橫斷面面積）
特點五 屠體失溫前不超過1,000磅的重量
特點六 脂肪厚度不超過1英寸

最後，四種規格，進一步確保品牌的外觀和柔嫩度

特點七 排除乳牛品種的肉品，僅選擇高品質的牛肉
特點八 避免肉品因血管破裂造成外觀顏色影響，以確保視覺上的完美
特點九 不使用老舊的切割設備，以確保牛排外觀整齊完整
特點十 頸背駝部位不超過2英寸

資料來源：檢索自www.certifiedangusbeef.com

相對於美國農業部頒定的八個牛肉評定等級，安格斯認證的牛肉商品約落在極佳級和特選級的前三分之一（參見上表），或是用Choice Higher特選級○○來表示。例如，美國Creekstone農場所生產的牛肉，同樣是採用安格斯的牛隻品種，雖未參與安格斯協會的認證，但也同樣挑出特選級裡的優質牛肉，因還不足以評定為Prime級，所以另外賦予Master Chef Choice的等級名稱，對消費者來說，Creekstone的牛肉也是不錯的選擇！

此外，澳洲也同樣有生產安格斯牛種，並且也有類似的機構在做管理與品牌行銷，在認證上以CAAB（Certified Australian Angus Beef）為代表。

海佛牛　Hereford

源自英格蘭，是一種以紅色毛搭配臉部及腹部白毛色為特徵的牛種。海佛牛一直到1907年，因為數量夠多才正式被登記為單一品系，後因畜養效益高（飼料換肉率），使畜農的生產效益跟著提高。所以，海佛牛在美、澳及紐西蘭都被大量飼育，而安格斯牛種和海佛牛種交配混種也同樣被飼育，作為牛肉肉品的供應選項。

聖塔葛迪牛　Santa Gertrudis

聖塔葛迪牛起源於1910年代的德州國王牧場，聖塔葛迪牛以海佛牛、短角牛（Shorthorn）和伯萊曼牛（Brahman）混種培育出來。1940年，美國農業部認可承認此一品系，以八分之三的伯萊曼和八分之五的短角牛作為一個新品種的定義。

聖塔葛迪牛適應地形氣候的能力強，不論炎熱、潮濕或是臨海氣候均能適應，例如在德州、路易斯安那州、密西西比州、阿拉巴馬甚至佛羅里達州等，都可以看到聖塔葛迪牛的蹤影。近年來，聖塔葛迪牛也同樣被認為是優質牛種之一。

▲ 海佛牛

牛的國度

在談到牛的國度前先為讀者介紹美國畜牧業者到底是如何分割它各階段的畜牧工作。專業的畜養業者各階段的畜牧工作絕非像消費者所想像的，將牛隻從小養大後，接著屠宰販售那麼簡單，而是透過非常專業的分工，讓各個不同年齡層（精細來說是月齡層）的牛隻，在不同的生產鏈裡面，進行不同的繁殖與畜養。

美國牛肉生產過程中不同階段的畜養業者各自所專營的畜牧工作

業者	專營工作
母仔牛育成業者 Cow-calf Producer	◆ 母牛育產仔牛斷奶後草飼放牧 ◆ 牛隻離開時6月齡，重約100至270公斤
架仔牛買賣商 Stocker	◆ 持續草飼放牧 ◆ 牛隻離開時12至14月齡，重約300至400公斤
肉牛肥育業者 Feeder	◆ 改採圈飼，以穀物飼養並以玉米為主 ◆ 牛隻離開時16至20月齡，重約500至600公斤
屠宰包裝廠商 Packer	◆ 須於美農業部派駐獸醫監測下進行檢驗篩選 ◆ 屠宰設備專業並有嚴苛的安全衛生控制（HACCP）
餐飲業及零售通路 Hotel, Restaurant and Institutional	◆ 須依「新鮮牛肉肉品標準販賣規格」做切割 ◆ 零售店須依「肉品購買者指南」做細部切割後銷售

©整理自美國肉類出口協會官網

肉牛肥育業者可說是美國牛肉品質養成的重要關鍵。肉牛肥育業者以圈飼來肥育牛隻，這些牛隻每天會吃上二至三餐，通常飼料以碎片米、各類穀物和玉米來調和，並且補充維生素等營養素。研究顯示，這段期間以玉米為主的飼料將更能生產出柔嫩且香醇的牛肉，並且逐漸減少牛肉中的草腥味，當然這恰好是美國牛肉的重要特質。

相信有不少消費者在前往好市多賣場購物時，會發現結帳台的服務人員總會貼心的幫消費者以回收的紙箱來裝所採購的物品，最常看到的是印有IBP字樣的紙箱。IBP是美國前五大的屠宰公司之一，是少數幾家大型屠宰商。這幾家大型的屠宰商，每年屠宰了全美約80%、超過二千萬隻的肉牛。

這些專業的屠宰大廠，有高端屠宰設備及最嚴厲的衛生要求，其內部也派駐有美國農業部的獸醫，作進行屠宰前檢查，將生病或不適於食用的牛隻隔離銷毀。

屠宰後的牛隻會進行細部的分割，方便消費者購買，在肉類運送的過程中以真空包裝，搭配幾乎接近0℃的冷藏保存，並藉由這段物流期間進行牛肉熟成手續，讓牛肉更增添美味。

八大牛隻飼養區域

美國

美國可說是全世界牛肉肉品供應的重要來源之一，隨著蓄養技術的不斷精進以及環境永續保護的理念，美國雖然擁有全球牛肉生產供應總量的20%，牛肉牛隻頭數卻僅占全球牛肉牛隻總頭數的7%，足見其畜養的高生產能力。

穀物飼養是美國牛肉的重要特色，尤其是以玉米作為穀物飼料中的主要原料，搭配其他的穀物如小麥甚至稻草等。當然，仍然有部分業者是以草飼的方式來飼養，草飼牛肉吃起來的風味和穀飼牛肉不同，哪一種好吃，就得看消費者的偏好來決定了。

現今美國牛肉的飼養以中部居多，但仍可依照區域分為八大牛隻飼養區域，分別為太平洋區（Pacific）、高山區（Mountain）、西南區（Southwest）、北部平原區（Northern Plain）、大湖區（Lakes States）、西南玉米帶（Corn Belt）、東南區（Southeast），以及東北區（Northeast）。

目前全美由聯邦政府駐廠檢驗的屠宰場近千家，每年合計屠宰的牛隻頭數高達三千萬頭以上，這些牛隻在屠宰後都經過合乎規格的方式來分切並進行裝箱後銷售到各地。在如此龐大且綿密的產業體系裡面，食品安全當然必須以嚴格的安全規範來控管，以確保消費者的食品安全衛生。

美國牛肉的分級

超市賣場的牛肉區，消費者最先區分的就是產地，因而賣場在擺放牛肉商品時，也都是以產地來做區分，如美國牛肉區、紐西蘭、澳洲或本地牛肉區，之後再就每個產區內的牛肉商品等級或部位做區分及包裝。

1927年美國牛肉分級制度由其農業部發展制定，在1976年時改採按評級牛肉品質等級（Quality）和產精肉率（Yield Grade）來分類。評級的人員隸屬於美國農業部農業行銷服務局（Agricultural Marketing Service）下管轄的家畜組，依照牛肉的成熟度（Maturity）還有肋眼肌的大理石紋脂肪含量（Marbling）兩項指標來評定，區分為八個等級。這樣的評級也成了消費者對於美國牛肉的牛肉風味（Flavor）、柔嫩度（Tenderness）及多汁性（Juciness）的參考指標。

成熟度

美國農業部是以骨骼的結構及瘦肉的顏色來判斷牛隻生理的成熟，而非實際的成熟年齡，它分為五個等級。例如：

＊A級：大約九至三十月齡。脊骨軟、色紅且多孔。

＊B級：大約三十至四十二月齡。

＊C級：大約四十二至七十二月齡。脊骨呈現顏色頗白，瘦肉顏色較A、B級來得更深暗。

＊D級：大約七十二至九十六月齡。

＊E級：超過九十六月齡。

肋眼肌的大理石紋脂肪含量

評級人員目視的位置是在第十二及第十三根肋骨間的肋眼肌面，依據他們的專業與經驗，主觀的依照脂肪斑紋的含量和分布情形，評定為九等級。再利用成熟度和大理石紋脂肪含量的交叉比對，評定出美國牛肉的八個等級。

筆者談到這邊，相信讀者已經對於美國牛肉的生產程序有了初步的認識，這樣的生產流程也呼應了「農場到餐桌」（Farm to Table）的概念。唯有從生產端（農場）就認真的飼育，並在中間的每個步驟都嚴守良知和法律規範，才能讓消費者享用到安全美味的牛肉。

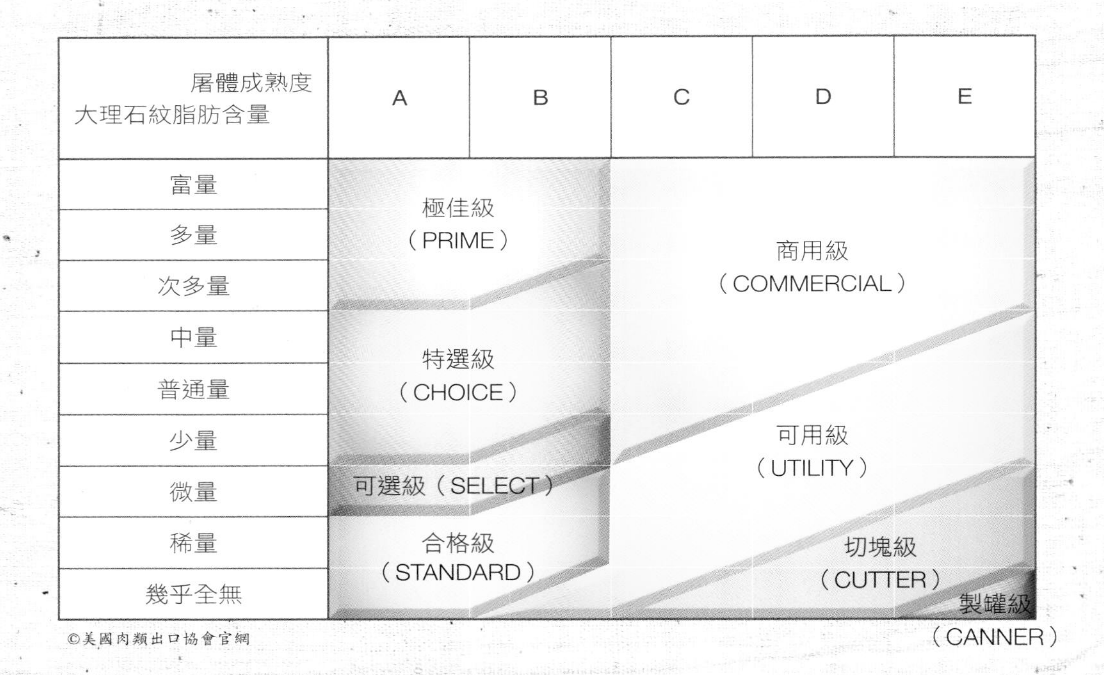

©美國肉類出口協會官網

▲ 聖塔葛迪牛

澳洲和紐西蘭同樣位於南半球，農牧業發展都非常成熟。以牛肉產業來說，澳洲和紐西蘭在很多方面都相當類似。標榜著廣闊草原，以草飼為大宗，並以低脂、低油、低膽固醇的安全牛肉為主要訴求。

澳洲人認為隨著現代人愈來愈懂得養生的飲食觀，健康崇尚自然的飲食風潮也愈來愈明顯，而草飼牛肉則符合這樣的飲食潮流。為了確保牛隻所得到的營養是全面性的均衡和平等，因而對牛隻的放牧作有效管理，讓牛隻同在一個特定的區域內吃牧草，過一段時間後再移到另外一個區域去吃牧草，讓每區的牧草都有相同的生長週期，避免粗草嫩草交錯穿雜，也避免嫩草總是被領頭的幾隻牛給獨占，致體型較小或月齡較少的牛隻無法吃到嫩草，免除俗諺「老牛吃嫩草」的遺憾，在澳洲可是「牛牛吃嫩草！」

澳洲政府有縝密的法規規範這個畜牧產業，如由澳洲檢疫及檢查服務處（簡稱AQISO）主管牛隻的疾病和疫情防範，至於肉類規格管理局則負責監督各屠宰場是否依照規定的規格進行切割與分裝。

在澳洲，每一隻牛耳朵上打上電子耳標，這是澳洲政府建立的一套全國牲口鑑定系統（簡稱NLIS），這個終生電子耳標帶有RF技術，能透過無線射頻辨識技術，讓每一隻牛的遷移和交易都可以被完整地記錄下來，並且傳送到中央資料庫進行建檔，以擁有一份完整的生產履歷。

此外，基於食品健康和安全的角度，澳洲牛肉全面禁用瘦肉精，是世界動物衛生組織（OIE）評定在狂牛症與口蹄疫等動物疾病中，具極低威脅性的國家之一；同時，歐盟（EU）也將澳洲牛肉評鑑為第一級最安全的等級。

以食品營養的角度來看，澳洲牛肉除了和其他國家生產的牛肉相同，都帶有豐富的蛋白質、鐵質、鋅、維生素B12等營養素之外，更令澳洲驕傲的是它所生產的草飼牛，因為吃了多種優質的牧草，生產的牛肉被證實為具有較豐富的Omega-3脂肪酸（含有EPA與DHA），是屬於不飽和脂肪酸，有助於維護腦部功能和視力健康。

關於澳牛

穀飼牛並非美國的專利，在澳洲同樣有穀飼牛，只要市場有需求，自然就會有供給，特別是像澳洲這種以農畜業立國的國家，外銷肉品可說是澳洲的經濟重要命脈，自是不能忽視穀飼牛肉的市場需求。

牛隻經過斷奶和短暫的草飼過程後，就會被轉到育肥場以定量的方式餵食穀物。有別於美國以玉米為主要的飼料，澳洲的穀飼配方更是強調全面的營養均衡，再加上澳洲本來就是個相當自給自足的穀類產地，所以他們餵飼給牛隻吃的穀物就更多元，包含了小麥、大麥、高粱，並且與紫苜蓿和其他草類混合。這些穀飼牛吃穀物的時間少則一百天多則二百、四百，有的甚至高達六百天，除了兼顧牛隻攝取的營養和牛隻本身的成熟度之外，也避免牛隻在短時間內快速育肥。

市面上所有的澳洲穀飼牛都來自於由「國家育肥場評鑑計畫」（National Feedlot Accreditation Scheme）所管理的育肥場，不但確保環境和食品安全法令能被遵守，同時也確保過程中都符合動物福利相關法規。

▼ 澳洲和牛

©澳洲肉類畜牧協會

▲ 澳洲梅花牛排

牛隻品種與分級包裝

就品種來說，澳洲主要的牛種超過十種，其中以南部的安格斯牛、海佛牛，以及在北邊的聖塔葛迪牛與婆羅門雜交牛種為主。當然，近年來澳洲的和牛也相當受到消費者的青睞，主要也是因為從日本引進了純種活體和牛到澳洲進行繁殖復育，並不斷地進行純化，所以和牛與安格斯牛所共同繁殖的混合種也有不少的數量。

雖然同處南半球，澳洲牛肉的分級制度較紐西蘭的四級制度可要繁瑣多了。

澳洲牛肉會先粗略分為小牛肉（代碼V）、牛肉（代碼A），以及公牛（代碼B）。這三類各有其具體特徵作為辨識，例如：

1. **小牛肉（母牛、閹牛或公牛）**：無永久齒且屠體體重不超過150公斤，公牛需無第二性徵，需呈幼年型和小牛肉顏色。
2. **牛肉（母牛、閹牛或公牛）**：公牛需無第二性徵，有零至八顆永久齒，母牛則無月齡限制。
3. **公牛（含閹牛）**：有第二性徵。

接著才會依性別、恆齒數目及有無第二性徵作進一步的分級（分為十一級）。澳洲牛肉的等級主要取決於牛隻的月齡，月齡愈小當然肉質就愈嫩，顏色也愈鮮紅，反之則肉質粗顏色暗沉，這類肉品多半用來製作肉乾、罐頭或再造食物。

澳洲牛肉產業另外在國內建立了一套稱為「牛羊肉產品食用品質計畫」（簡稱MSA）的分級制度，MSA為每塊部位肉的品質和分級背書，標記肉品的軟嫩、肉汁與美味程度。肉品業者可自由選擇是否加入MSA分級系統。

一般人多半以為草飼牛的油花少，其實並不盡然。在澳洲大理石油花紋（MSAMB）的規格和分級是由澳洲肉類規格管理局所頒定，可分為十個等級，評鑑人員由第十和第十一根牛肋骨間的剖面作檢視，在評鑑時不以主觀的方式評等，而是帶著各個等級樣品的照片做比對，以確保分級客觀並且具有一致性。

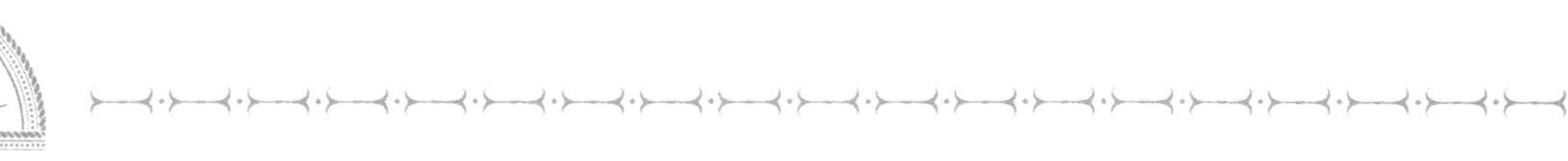

屠體大理石油花等級評定

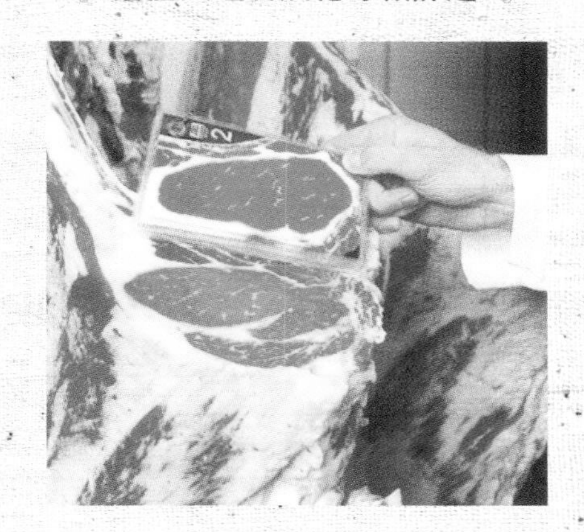

嚴格的屠體檢驗

©澳洲肉類畜牧協會

脂肪色（FC）及肉色（MC）同樣由評鑑人員帶著由肉類規格管理局所公告的樣品照片做比對，脂肪愈白等級愈高，共分為九級，而肉色則分為七級，顏色愈淺紅則等級愈高，反之愈肉色、愈暗沉則級數愈低。

在澳洲大部分的屠宰是採冷屠宰方式進行，也就是說牛隻在經過屠宰後並不立即進行切割，而是由牛腳吊起懸掛靜置於接近0℃的環境中二十四小時，等待其中心溫度降下來之後再進行切割與包裝。也就是讀者看到的圖片中一隻隻倒吊著的屠體。

這樣的做法可以讓牛肉比較不會失去水分，將肌肉拉鬆，這對於肉質的嫩度是有幫助的。別看這小小的一個動作，試想澳洲一天所屠宰的牛隻數量，需要靜置冷藏二十四小時所需的冷藏設備和空間有多大，又其建置成本也耗費不少。通常經過這樣冷屠宰的牛肉，在外包裝的箱子上都會在日期前面標示PKD（Package Date），也就是切割後的裝箱日。反之，如果是採熱屠宰，也就是屠宰後不經過吊掛冷藏靜置，就直接分割裝箱則牛肉的外包裝箱子上會標明的是Slaughter Date，也就是屠宰日。一般消費者或許比較無法從賣場的陳列架上看出端倪，但是賣場或餐廳整箱牛肉進貨時，都可以輕易從這個標示的不同來判定屠宰方式。

依據2013年資料顯示，澳洲全年生產超過150萬公噸牛肉，如以進口的牛肉總金額來看，台灣進口澳洲牛肉的金額為全球第五位，僅次於日本、美國、中國及韓國。而若以進口澳洲牛肉的重量來看，台灣則居澳洲出口國中的第六位，這當中又以各部位牛排和牛腱肉為主。此外，位居澳洲東北邊的昆士蘭省，則是澳洲生產牛肉最主要的省分。

紐西蘭是個島國，和澳洲同處於南半球，四季分明、雨量充沛、幅員廣，卻是世界上人口最稀少的國家之一。紐西蘭早從一個半世紀以前就是個以農業畜牧業為主要產業的國家。除了紐西蘭的牛羊肉外，葡萄酒、奇異果和乳酪也是出口的大宗，這些都是重要的經濟命脈，因此紐西蘭政府對於農牧業的研究、病蟲害的防治和環境的保護相當重視，擁有其獨到的技術和豐厚的知識庫。

三低

草飼是紐西蘭畜牧業的主要方式，堅信水質純淨、優質草原和廣大的空間必定能飼育出健康的肉品，將人類食用肉品的負擔降到最低。也因此，紐西蘭的所有牛肉廣告文宣上總能隨處看見「純淨」、「天然」、「健康」等字眼，強調紐西蘭肉品的安全性，並且強調紐西蘭牛肉是低脂、低膽固醇、低熱量的「三低牛肉」。

因為紐西蘭的土地廣大，牛隻得以在一望無際的草原上自由活動，隨處低頭吃草，一個山頭又過一個山頭，取之不竭。這樣的低密度活動空間再加上紐西蘭農林管理局（Ministry of Agriculture and Forestry）的一系列持續監控政策，讓疾病鮮少發生。

近年來，常有一些健康人士倡議慢食主義（Slow Food），不但吃得慢、吃得健康、也吃得崇尚自然，而這當然也必須符合大自然的法則和定律，讓牛隻循著物種應有的生長進度健康長大，搭配放牧和悠閒不緊迫的生活步調，間接影響肉質、營養素的結構和酸鹼值。

因為是天然放牧，牛隻運動量足夠，低脂、少油花成了紐西蘭牛肉的重要特色。紐西蘭牛肉的脂肪含量約僅4%，少量的脂肪和吸收可溶性脂肪維生素A、D、E很重要，而且這種脂肪有一半是單一不飽和脂肪，有助於降低血液中的膽固醇。此外，牛肉中的鋅、Omega 3、Omega 5脂肪酸，還可有效減少心臟病的發生機率喔！

品種和肉品分級

紐西蘭所畜養的牛隻品種除了安格斯牛種、海佛牛種，及前述兩種的混合種之外，尚包括菲仕蘭乳牛（Freisian）、好斯坦牛（Holstein），以及其他包含了短角牛（Shorthorn）、夏洛來牛（Charolais）等十多種不同品種。

紐西蘭肉品特色之一是大量出口年輕的公牛牛肉，這些公牛通常在十八個月到三歲被屠宰。其中有一款是非官方的分類品項SYB（Selected Young Beef）——年輕瘦肉牛，是長出的永久前齒不超過四顆，草飼而無生長激素，全屠體重量在245到360公斤之間的牛隻屠體。此外，自2012年起紐西蘭施行了國家動物識別方案（NAIT）。所有牛隻戴掛電子耳標，並將其移動資訊登錄在網路資料庫，對肉品安全和消費者信心幫助很大。

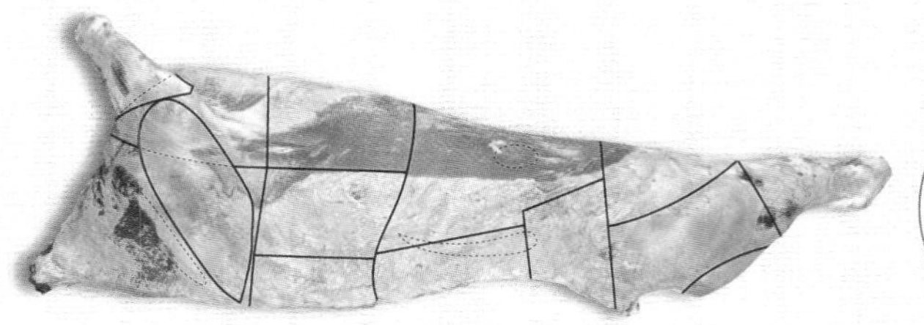

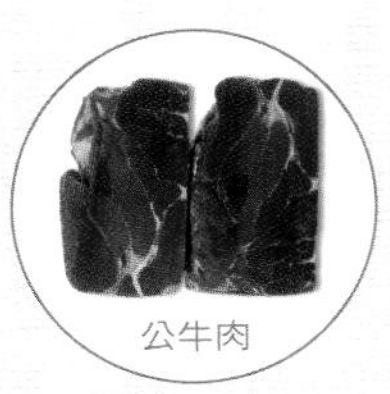

公牛肉

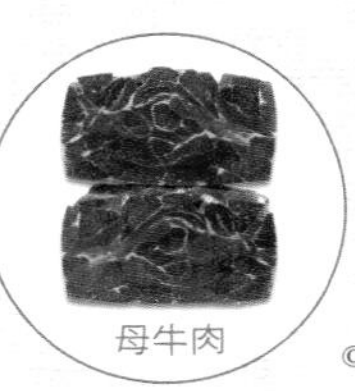

母牛肉

©紐西蘭肉品局

牛隻被屠宰和加工後的肉品分級細述

屠宰和加工的主要分法	屠體分類	脂肪重量	肌肉
1. 性別：公或母 2. 成熟度：年齡或月齡 3. 脂肪含量：指修整後的脂肪量 4. 肌肉發展狀況：如肉品的結實度及其質地構造	1. 授乳犢牛（Bobby Veal）：體重不超過30公斤，年齡通常不大於兩周的小牛肉 2. 白色小牛肉（White Veal）：只用奶或奶產品飼養的小牛的肉 3. 小牛肉（Veal）：體重不超過160公斤的小牛的肉（只用於紐國市場） 4. 犢牛（Calf）：年齡十二個月以下，任何性別的牛 5. 未孕母牛（Heifer）：年齡十二個月以下的雌牛，長出的永久前齒不超過六顆，屠體重量160公斤以上 6. 閹公牛（Steer）：閹割過的雄牛，年齡十二個月以上，屠體重量160公斤以上 7. 母牛（Cow）：長出的永久前齒超過六顆的雌牛 8. 公牛（Bull）：年齡在十二個月或十二個月以上未經閹割的雄牛	1. 除了授乳的犢牛以外，其它屠體依脂肪層厚度來分類。脂肪層的厚度主要是看第十二根肋骨的肋眼肉部位之皮下脂肪厚度 2. 閹公牛的重量須超過145公斤 3. 未孕母牛的重量須超過145公斤 4. 絕大多數高品質牛肉來自閹公牛及未孕母牛，加工製造牛肉則來自公牛或乳牛	肌肉主要根據後四分體的肌肉發展狀況來畫分，視肌肉的飽滿均衡度分成三個等級： CLASS 1 *側體輪廓呈現凸面型態*肌肉發展完美 *後臀部豐滿*後腿部豐滿*腰脊肉非常飽實 CLASS 2 *側體輪廓呈現平坦，也有可能略為凸面或略為凹陷 *肌肉發展良好*後臀部豐滿度普通到一般 *後腿部豐滿度普通到一般*腰脊肉飽實 CLASS 3 *側體輪廓呈現凹陷狀態*肌肉發展普通*後臀部豐滿度低於平均水準 *後腿部豐滿度低於平均水準*腰脊肉較淺薄

資料來源：整理自New Zealand Meat Guide to Beef Carcass Classification。2004年2月由The New Zealand Meat Classification Authority所頒布

草飼牛VS.穀飼牛

2007年，紐西蘭的Beef+Lamb New Zealand組織正式在台灣創立一個「紐西蘭草飼牛」的品牌，透過單一而一致的視覺辨識商標、搭配一系列和餐飲業、通路業的促銷活動、烹飪示範試吃活動、教育研討會等，積極在台灣打開能見度。

台灣的紐西蘭牛肉市場算是剛起步，相信它在台灣會漸受歡迎，因為在日本紐西蘭牛肉可是僅次於日本和牛的哦。這個遠在南半球的紐西蘭畜牧業，它們所實行的飼養方式幾乎和一百六十年前沒有什麼不同，謹守天然放牧、崇尚自然，又比他們的老祖宗們投入更多的心力在培植更優質的牧草，搭配嚴謹的牧草管理系統，讓牛隻吃得更營養、更健康！這對於害怕間接吃到人工化學飼品風味的消費者來說，相信會是最佳選擇。

究竟草飼牛或穀飼牛哪個好吃或哪個健康安全呢？! 其實牛生來就是吃草的動物，而飼育業者為了希望藉由給予的食物來控制肉品的美味或健康，以迎合市場的需求也沒什麼不對，畢竟這是個產業經濟，有需求就有供給，有供給也可以創造需求，就看消費者喜歡哪種口味，再來決定買哪個產地、哪種飼育方式所生產的牛肉來享用。也就是說，哪個好哪個健康全在消費者的腦子裡，至於肉品風味則是各具特色。

©紐西蘭肉品局

日本牛肉

日本牛肉又稱和牛（Wagyu，取漢字發音），只要是生產於日本不分品種和等級都可以稱作和牛。一般來說日本和牛主要有黑毛和種、褐毛和種、日本短角和種，以及無角和種這四種牛種。在日本主管畜牧產業是由農林水產省的生產局來管轄相關業務，但是對於日本和牛複雜的分級制度則由公益社團法人日本食肉格付協會所制定。

分級方式採兩項指標分別是步留等級（Yield Grade）與脂肪交雜的等級。步留等級就是在美國牛肉評定機制裡的精肉率，評鑑人員從肋骨的第六和第七根的剖面來做判定，再透過一套精算的公式套用後得出一個百分比數字，愈高代表等級愈好。

另一個指標則是脂肪交雜的等級，這當中不但包含了脂肪含量及交雜程度、牛肉色澤，還包含了牛肉整體的質感做了綜觀性的評比，簡稱為霜降程度（Beef Marbling Standard, BMS）。通常日本和牛被分為五個等級，再從五個等級細分成十二個等級。

步留等級對照圖

A級	72%以上
B級	69%以上，72%未滿
C級	69%未滿

脂肪交雜的等級區分

	等級（Grade）	霜降程度（BMS）等級
第5級	非常多	8-12
第4級	略多	5-7
第3級	標準	3-4
第2級	略少	2
第1級	極少，幾乎沒有	1

日本和牛分級對照表

步留等級	脂肪交雜等級（十五級制）				
	第5級	第4級	第3級	第2級	第1級
A級	A5	A4	A3	A2	A1
B級	B5	B4	B3	B2	B1
C級	C5	C4	C3	C2	C1

在核定好了步留等級和脂肪交雜等級後，終於組成了一個日本和牛的最後分級，採十五級制。

日本和牛多半以產地來作為品質的依據和參考，也就是說一個生產出優質日本和牛的府縣就幾乎成了品質的保證，而府縣的名稱也幾乎等同品牌有著非凡的聲譽和價值。常見的產地有：①近畿地方（きんきちほう），又稱關西地方（かんさいちほう，Kansaichihou）；②資賀縣的近江牛、兵庫縣的神戶牛和但馬牛、三重縣的松阪牛；③中部地區則有岐阜縣的飛驒牛；④九州地區則有宮崎縣的宮崎牛和佐賀縣的佐賀牛；⑤東北地區也有山形縣的米澤牛。

上述這些產地無論是篩選和飼育都有自成一格的規範，以維持優質和牛的好聲譽，這當中包含了嚴謹的育種管制以避免雜交、完整的生產和飼育履歷、基本的步留率和脂肪交雜程度更是必備的篩選條件，最後還得檢查牛隻的整體健康狀態，必須都是上乘。

和牛的飼養方式大不同於其他任何國家，各位讀者或許都聽過而且是真的，日本人養牛是以牛奶、優質牧草、蛋白質來餵養，並且搭配專人為牛按摩及供應大量啤酒，藉以讓牛肉柔嫩極致並且帶有絕佳的風味。此外，這些分布細密雪白色的牛肉脂肪讓牛肉吃起來異常的軟嫩，油脂在攝氏25度便自然融化，光是口內的溫度就足以讓油脂在口中化掉，帶來真正入口即融的口感。而櫻桃色澤的牛肉顏色更是上選！

多年來日本和牛飼育不易，以神戶牛為例，一年產量不超過五千頭，比起美國或紐澳地區動則以百萬頭作為單位計算，就完全無法想像。這稀少的產量光是日本國內就已經不敷使用，更別說是外銷到其他國家了！

美澳和牛

長年來受限於日本和牛的少量生產，美國和澳洲不約而同在1990年代陸續引進純種和牛進行繁殖，不同的是美國直接引進牛隻，而澳洲則是引進純種和牛的冷凍精液和胚胎，再進行復育，並和該國所原有的安格斯牛種進行繁殖育種下一代，再將下一代和純種和牛進行繁殖育種，藉由一代一代不斷的純化和牛血統，嚴謹的DNA管制和檢查，再搭配仿效日本的飼養方式，讓澳洲和牛有不錯的品質，甚至可以將這些國外生產的高檔和牛回銷給日本。

就分級制度而言，美澳兩國都把和牛的分級制度大致沿襲日本的分級制度，而有別於它們自己國家生產牛肉時所作的等級評鑑制度。目前在台灣的少數超市或量販店也常可見到澳洲和牛擺放於冷藏櫃內，這些澳洲和牛多半以BMS九級為主，售價則可高達每公斤2,000元以上。

上面說了這麼多，和牛好吃的原因到底在哪?! 簡單說就是大理石紋脂肪含量高且綿密，牛隻的飼養方式特別，還有專人按摩呢！當然，畜牧業者深知牛隻心情的好壞同樣也是重要因素，壓力過大或在容易驚嚇的環境下生長的牛隻，牠的肌肉顏色會較深，肉質也較硬。而和牛是情緒較為平穩的牛種，牠最大的特色是能產生出低酸鹼值的肉品（5.7以下）。

▲ 澳洲九級和牛肋眼牛排

脂肪交雜程度12等級

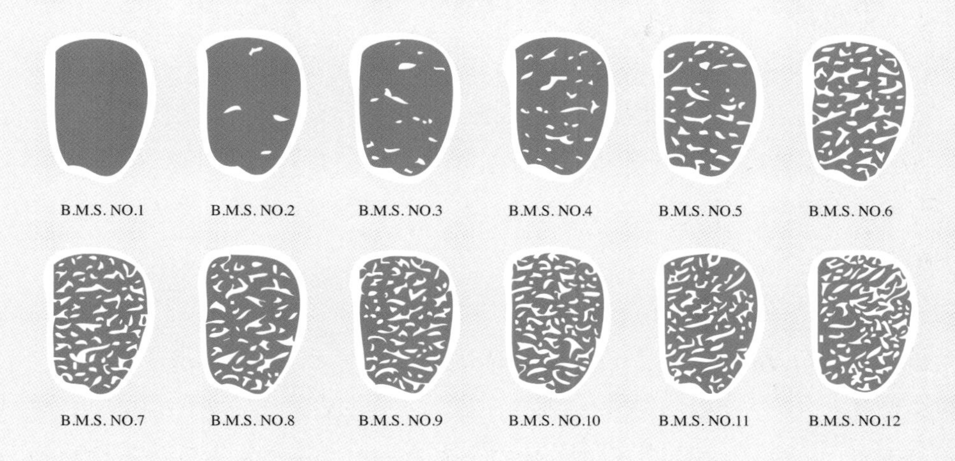

牛肉色澤7等級

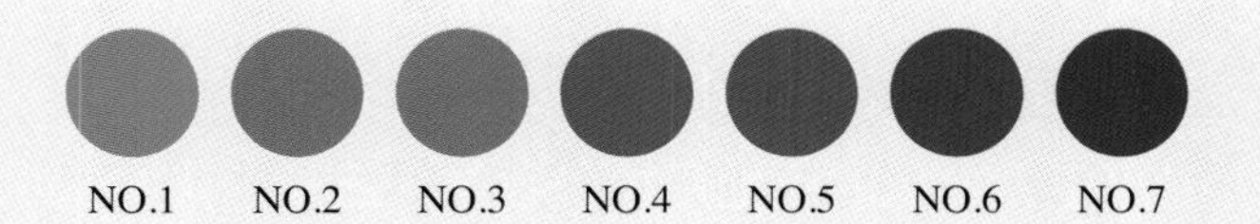

脂肪色澤基準7等級

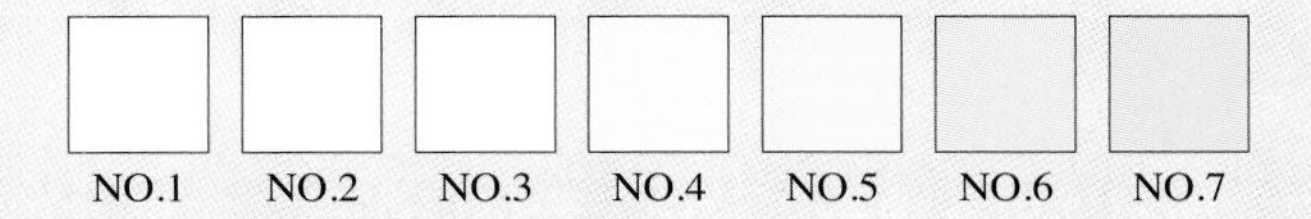

加拿大牛隻各省分佈比例
牛隻共約15,000,000頭

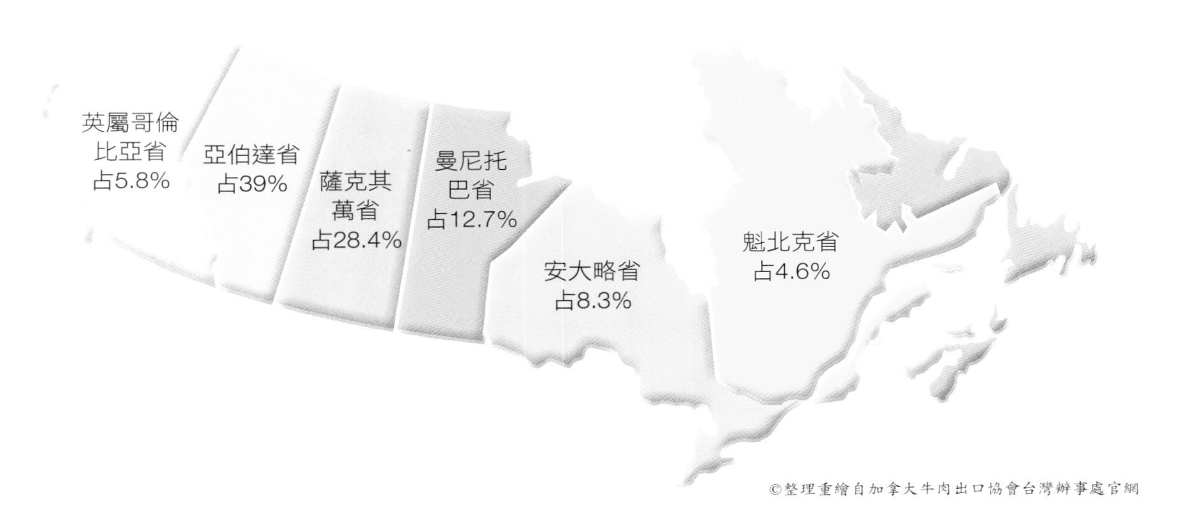

加拿大

加拿大和美國同位處於北美洲，在文化背景上和現今的經濟活動上都有很多雷同之處，兩國的交往也相當的密切。這個以農漁業為主要經濟命脈的國家，每年大約有50億元的食品被進口到台灣，但是大部分人所熟知的還是停留在楓糖漿、冰酒、鮭魚這些食品，其實加拿大的牛肉、芥花油在食品市場上可都是占有一席之地的。

加拿大有將近68萬平方公里的土地用於農牧業，這幾乎是70%的國土了；而牛肉則多在加拿大的東部和中部飼養，並且有四分之三的牛隻在加拿大當地進行屠宰，其他則運往美國屠宰。根據加拿大駐台北貿易辦事處的資料看來，以2000年為例，在將近40萬公噸的加拿大牛肉中，只有約千分之五大概是2,000公噸被進口到台灣，其它除了國內市場，多半銷往美日韓和中南美洲。

加拿大的牛肉品種同樣以海佛牛和亞伯丁安格斯牛種為大宗，70年代雖然引進其他牛種，仍然透過計畫性的交配育種，保留這兩種牛種的優點，來迎合市場的需要。小牛在被轉入肥育場後就開始以穀物飼料來讓牛隻快速增重，確保大理石脂肪含量豐富而潔白。由於加拿大是世界上大麥生產最大國之一，所以在穀物飼料中除了進口的玉米外，也加入了不少的大麥，飼料的配方上和美國以玉米為大宗是不同的。

加拿大的牛肉分級制度早在1930年代就有了，經過大幅度的改變後，現在加拿大的牛肉被分為十三等級，主要是依據成熟度、肌肉發達度、肉的品質、外層脂肪覆蓋厚度，以及大理石脂肪含量進行評鑑，評鑑制度是採自願的，由食品檢驗署來執行評等，與美牛的品質評級是不同的。

一般來說，如果是要用來烹調牛排料理，我還是建議大家挑AAA級或Prime級的加拿大牛肉會比較不會後悔！

肉牛屠體品質評級對照圖

	等級區分	肌肉發達度	肋眼肌肉色澤與結實度	脂肪色澤	背脂厚度	大理石紋脂肪含量
加拿大牛肉 依骨化程度進行月齡判別，通常為16至24月齡且不能超出30月齡	PRIME 極佳級	好至極佳 無缺陷	鮮紅 結實	白或 淡琥珀色	4公釐或 更厚	次多量
	AAA （3A級）	好至極佳 無缺陷	鮮紅 結實	白或 淡琥珀色	4公釐或 更厚	少量
	AA （2A級）					微至少量
	A （1A級）					稀至少量
美國牛肉（USDA） 依肉色、組織紋理和骨化程度進行月齡判別，超過30月齡評為合格級	PRIME 極佳級	無最低要求	亮紅 適度結實	無特要求，通常為白色但黃色亦可	無最低要求	次多量
	CHOICE 特選級	同上	亮紅至可評為特選級的稍暗色 稍軟或稍硬	同上	同上	少量
	SELECT 可選級		亮紅至可評為可選級的稍暗色 適度的軟或稍軟			微量
	STANDARD 合格級		亮紅至可評為合格級的稍暗色 適度的軟			幾乎全無

©整理修改自加拿大和美國肉牛屠體品質評級對照表

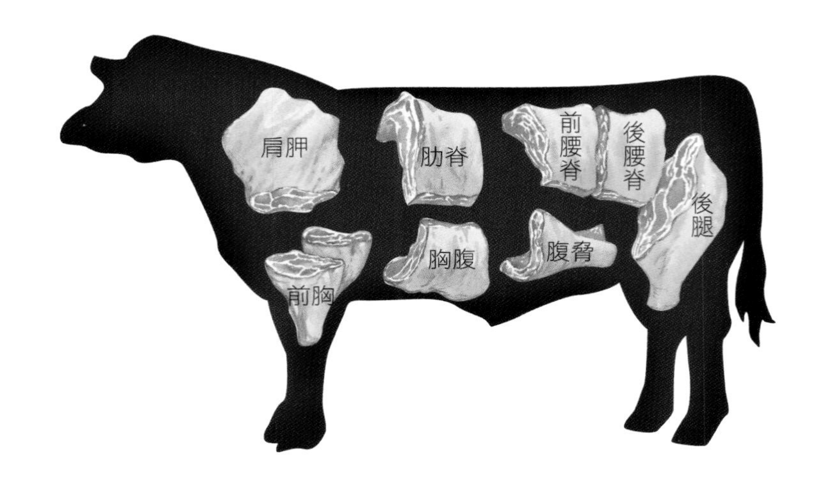

Unit 1-3

牛｜排｜的｜部｜位｜與｜特｜性

一頭數百公斤重的牛，大大小小可以分切成數十個部位，每個部位也都因為運動機會的多寡和部位本身的特性或肉質紋理的走向，直接關係到肌肉群是否結實發達、筋的多寡等，這些都直接影響到它的口感，也決定了需採哪種烹飪方式來突顯肉質的優點，而缺點則可透過修掉筋膜，搭配合適的烹飪方式和恰當的生熟度來減少不討好的口感！

坊間餐廳對於「牛排」部位的選擇千變萬化。基本上來說，「排」這個字英文叫做“Steak”。根據維基百科的解釋「排」是指一般對肌肉纖維垂直切下的肉塊，或對魚的脊柱垂直切下來的魚塊。肉排通常用為炭烤（下火烤）、鍋煎、炙烤（上火烤），而魚排也可以以爐烤方式來烹調。至於牛排除可以伴隨醬汁一起烹調（如牛腰子排）外，也可將肉剁碎，重新組成一個牛排的形狀（如索爾茲伯里牛排和漢堡牛排）。其他肉類舉凡標明肉種，均可稱做「排」，例如旗魚排、鹿肉排……，如果沒有特別去標示肉種，一般來說Steak便泛指是牛排。

如果要用最簡單的方式來辨別肉的特性，有個最粗略（雖然不是百分之百正確）的方式來做辨別，就是運動愈多的地方（四肢）肌肉就愈緊實，脂肪和筋也就相對愈少。而四肢的運動量又以前肢比後肢來得運動量大；換句話說，前後肢中間的肋脊腰部運動量最少，也是正統牛排的主要來源。這個區域涵蓋了肋脊部（Rib）、前腰脊部（Short Loin）、後腰脊部（Sirloin），以及在肋脊部下方的牛小排部位（Short Rib）。

©勞瑞斯牛肋排餐廳

肋脊部之肋眼牛排（Ribeye）

肋脊部位可說是最受歡迎的牛排部位。以美國牛肉來說，美國農業部定義的肋脊部位是指牛的第六至第十二根肋骨間的里肌肉（可帶骨或不帶骨）；澳洲政府的方式則略有不同，只將肋脊部定義在第六至第十根肋骨。

消費者常聽到的牛肋排、霜降牛排、或肋眼牛排指的就是這塊部位，有些超市賣場會用大里肌肉來稱呼這塊肉。這塊肉的特性就是油花（大理石紋脂肪）多而且分布均勻、帶筋，嫩度僅次於腰脊部，這塊肉也可算是牛排裡面面積最大的一塊肉了。因為面積不小，同樣重量但部位不同的牛排，這塊肋眼牛排就會顯得特別薄些，在煎烤這塊牛排時熟度的掌握也會顯得難度較高。除了牛排，這塊部位的牛肉也很適合切片來涮火鍋或日式壽喜燒（Sukiyaki）。

關於肋脊部位另外值得一提的是，1938年創立於比佛利山莊勞瑞斯牛肋排餐廳（Lawry's The Prime Rib）就是標榜以專賣美國Prime級牛肋排為主的餐廳（台北分店位於松仁路上），業者取下的就是這整塊第六至十二根帶骨的肋脊部位，以獨家的調味鹽醃漬後，低溫烘烤再將整條肋排立在餐車上，由師傅帶著餐車到桌邊依照客人需要的熟度和份量現場服務。整個視覺效果相當具震撼性，帶骨烤的牛肋排顯得格外香臻誘人。許多飯店的自助餐廳也常見提供整條牛肋排（通常不帶骨），躺在砧板上由師傅現場切片

©雅室牛排館

讓客人享用。

另外，近年來肋眼牛排又被幾家高價牛排館，將口感最嫩而且沒有筋的外圈上蓋部分（Rib Cap Meat）另外分切下來，稱之為「老饕牛排」。這塊最好吃的上蓋被取下來吃巧當吃飽，當然價格也居高不下囉！而去掉外圈上蓋之後，剩下肋眼心則被稱作肋眼菲力。

前腰脊部（Short Loin）之家族成員

前腰脊部這塊肉是緊接著上面所提到的肋脊部位，也就是從第十三根肋骨算起延伸到第五節腰椎的位置。因為是沿著肋脊部過來， 所以嚴格來說其實是同一塊肉，而前面所提到的老饕牛排那塊最令人垂涎三尺的上蓋，到了前腰脊部就沒了。

前腰脊部這塊肉同時供應了坊間餐廳的三塊重要牛排：紐約客牛排、菲力牛排、丁骨牛排，可稱得上是牛排的重要來源部位。這塊肉中間夾著一根T字狀的骨頭，骨頭上方的部位稱作紐約客牛排（Strip Steak），骨頭下方的部位則稱為菲力牛排（Filet Mignon），而未被拆解成兩塊肉前也就是大家所耳熟能詳的丁骨牛排（T Bone Steak）了。

紐約客牛排

紐約客牛排，英文名字為Strip Steak，從字義上來看中英文完全對不上，這是因為紐約客牛排這塊肉的形狀，狀似紐約市的曼哈頓區，所以就被人稱作New York Steak，餐廳業者也就以這最通俗的名稱，直譯為紐約牛排或紐約客牛排。

紐約牛排油花分布均勻且比較細緻，不像肋眼牛排偶有整塊的油花產生，沿著牛排的上方邊際會有一整條較粗的筋，有些餐廳會修掉，但也有人認為筋配著牛肉吃別有一種獨特的口感。紐約牛排除了這條筋之外，本身沒有其他特別多的筋，整塊肉吃起來軟嫩中帶著筋的咬勁，通常一份12盎司的紐約牛排大約會有2公分厚，雖然嫩度上不如菲力牛排和肋眼牛排，但是也有特定的死忠族群喜歡這塊俗稱男人的牛排的特有口感。

©紐西蘭肉品局

菲力牛排

介紹完男人的牛排，接下來要介紹的當然就是氣質牛排的首選——菲力牛排（Tenderloin or Filet Mignon），這塊牛排相當適合女士選用。為何會這麼說呢？因為菲力牛排可說是牛排裡面最精瘦、最軟嫩的一塊肉，吃起來不需要大口咀嚼且能夠保持優雅的用餐形象，而且因為這塊肉外表造型上面積比起紐約客、肋眼牛排小了許多，也不會讓人有肉食女的錯覺。

菲力牛排就是傳統市場裡肉販們俗稱的腰內肉，也就是小里肌肉。這塊肉深藏在腰脊肉的下方又有丁骨護著，根本沒有運動的機會，造就了肉質軟嫩的特性，而且比起其他部位牛排，這塊肉份量小更是顯得珍貴。筆者每次在廚房看到師傅忙著將整條菲力牛排做修清的動作時（修掉表面的筋膜和表面的脂肪），看著原本一條7公斤的肉修完幾乎去掉了一半重量，真的覺得心疼，難怪這塊肉在相同的重量下總是比其他牛排貴上一些！讀者如果去超市大賣場多半只能看到被切成一塊塊的菲力牛排，買回家煎烤時如果看到外表有筋膜可得記得先修掉，否則會被這些筋膜毀了一整塊肉的口感喔！

©紐西蘭肉品局

▲ 清修後的菲力牛排全條與切塊

©勞瑞斯牛肋排餐廳

菲力牛排整條長約50公分，看起來尖尖細細的那端是靠近肋脊的位置，而看起來厚大的另一端則是靠近後腰脊部位。一般來說尖細的這端因為面積愈來愈小，餐廳常會把他對剖一半後攤開，讓表面的面積和後段看來較為一致，稱之為蝴蝶切，法國人稱之為Tournedos，而中段部位則被稱作Châteaubriant。但是在台灣一般都將整條肉統稱菲力牛排，再切段分售。而為何明明這塊部位就叫做Tenderloin卻被取中文名稱為菲力牛排呢？主要是取其法國名稱“Cute Filet”或“Dainty Filet”的“Filet”這個字而來，在法國菲力牛排被稱作“Filet de Boeuf”，而讀者常在餐廳菜單上看到菲力牛排寫著英文翻譯“Filet Mignon”則是源自於葡萄牙文。

通常一塊8盎司的菲力牛排因為其表面積不大，所以高度都會約在4至5公分之間，所以在熟度的掌握上就有賴牛排師傅的經驗和功力，從三分到七分熟都是不錯的選擇，但筆者本人則偏好三分或五分熟以保有這塊肉軟嫩的特色，主要是覺得這塊肉烤成全熟實在是可惜了。

丁骨牛排（T Bone）

筆者在上面介紹前腰脊部位就提到過，所謂的丁骨牛排就是一根T字狀的骨頭左右兩邊分別帶著菲力牛排和紐約客牛排（如圖）。不難想像丁骨和英文“T Bone”都是取自其形狀而命名。點一塊丁骨牛排雖然稍貴了點，但是可以一次大啖兩塊不同的牛排，享受其各自的特色，軟嫩都吃得到，再加上有嚼勁略帶筋的紐約客牛排也吃得到了，也算是雙重享受啦！

讀者可能常見到有些餐廳用「紅屋牛排」（Porterhouse）來稱呼丁骨牛排，這個稱呼也沒錯。但筆者要提醒大夥兒的是，剛剛在介紹菲力牛排時曾提到，菲力牛排尖細的那端是靠近前方的肋脊部位，粗厚的另一端則靠近後腰脊部位，而當菲力部分愈大時，也就是愈靠後腰脊部位的丁骨牛排，就可稱之為紅屋牛排了；反之，較靠近前方肋脊部位菲力牛排愈小時，就只能稱為丁骨牛排了。

讀者可以依照個人喜歡吃哪塊肉多一點來決定點丁骨或是紅屋牛排。如果餐廳只寫其中一項，您也可以請服務人員轉達給廚房，盡可能為您挑一塊你心目中想要的菲力或紐約客的大小，也算是點菜時的另一番樂趣吧！美國肉類出口協會所頒定的手冊裡有明文規定，若要稱之為紅屋牛排，那麼菲力牛排的寬度不得小於3.2公分。不過，只是吃個牛排，應該不需要帶量尺上餐廳吧？放輕鬆用最愉悅的心情和最重要的人一起享受牛排大餐才實際。

▲ 這塊紅屋牛排（後段丁骨牛排）左邊是菲力牛排、右邊是紐約客牛排

©紐西蘭肉品局

上腰脊部位（Sirloin）之沙朗牛排

上腰脊部位就是沿著前述的前腰脊部位繼續往牛尾巴的方向作延伸，這部分的肉質比起肋眼牛排油花較少，整塊肉外圈通常有筋膜，修掉之後算是一塊較為精瘦的肉，吃起來還算軟嫩，雖然比不上菲力牛排那般的令人激賞，但也是不錯的一塊肉，價格比起菲力或肋眼牛排要來得平實，深受一般平價牛排館所愛用，也算是不錯的選擇。

至於為何被稱之為「沙朗牛排」，相信讀者也猜到了。這個名稱是簡單的從英文發音翻譯而來，不過也曾聽過這麼一個有趣的說法，Sirloin這個名稱是因為英國亨利八世國王很喜歡吃這塊牛排，因此封它“Sir Loin”「腰脊肉爵士」；但另外也有一種說法是說Sirloin源自於古英文Surloine，而這個古英文字又是由法文Surlonge所演變而來，Surlonge的意思就是sur la longe，指的就是above the loin腰部以上的位置。

比較令人頭疼的是，目前在國內大家都將肋眼與這塊上後腰脊肉在名稱上給混淆了。有很多餐廳的菜單上、甚至是廠商的出貨單上或賣場的標籤上都把肋眼牛排標示為沙朗牛排，但這兩塊肉不但位置不同，外型和油花分布與口感也都不同，建議各位讀者如果有疑慮的話，還是先向店家確認清楚。

牛小排（Short Rib）

這塊肉通常以去骨的方式呈現在饕客的餐盤上，也就是菜單上常見的去骨牛小排（Boneless Short Rib），主要是來自於第六至第八根肋骨的下方（末端）帶骨小排，除了將骨頭去除也修掉了外表的一些筋膜、脂肪、骨膜還有軟骨。這塊去骨牛小排因為油花分布細緻均勻且豐富，除了被切片來作為煎烤之外，也常被切成塊狀在鐵板燒上做料理。此外，被切成薄片的方式則在日式燒烤或是涮涮鍋、壽喜燒都很受歡迎。

©勞瑞斯牛肋排餐廳

牛排部位分分看

部位	絕佳牛排	分佈區	特性
肋脊部（Rib）	肋眼牛排 牛肋排 霜降牛排	指牛的第6至12根肋骨間的里肌肉（可帶骨或不帶骨）	＊為上腰脊肉中肉汁最濃郁、最好吃的部位 ＊油花（大理石紋脂肪）多而且分布均勻，嫩度僅次於腰脊部 ＊很適合切片來涮火鍋或日式壽喜燒（Sukiyaki）等，也很適合碳烤牛排或煎牛排
	去骨牛小排 霜降牛排 骰子牛排	分布在第6至第8根肋骨	＊油花分布細緻均勻且豐富，通常以去骨的方式呈現（即餐桌上的去骨牛小排） ＊除了被切片來作為煎烤之外，也常被切成塊狀在鐵板燒上做料理（被稱為骰子牛排）；在日式燒烤或是涮涮鍋、壽喜燒都很受歡迎
前腰脊部（Short Loin）	紐約客牛排	從第13根肋骨算起延伸到第5節腰椎的位置	＊口感厚實有嚼勁，油花不多。沿著牛排上方邊際整條較粗的筋，適合喜歡口感扎實有嚼勁的饕客 ＊俗稱「男人牛排」
	菲力牛排		＊菲力牛排非常的軟嫩，沿著牛排外表做包覆的筋膜在烹飪之前就已去除掉了，因為失重頗多加上口感軟嫩，所以價格不斐 ＊因為肉質軟嫩的關係，一般建議吃3至5分熟即可，過熟反而破壞了軟嫩優質的先天優勢
	丁骨牛排		＊丁骨牛排因形狀像T而稱之為丁骨。其骨頭兩側分別為紐約客牛排和菲力牛排，兩塊牛排口感差異甚大 ＊由於點用丁骨牛排等於是雙重口感，對於喜歡嚐鮮的饕客，不失為是一種好選擇，可以清楚比較兩塊肉質的差異性
上腰脊部（Sirloin）	沙朗牛排	沿著前腰脊部的部位繼續往牛尾巴的方向作延伸	＊肉質比起肋眼牛排油花較少，是一塊較為精瘦的肉，吃起來還算軟嫩，雖然比不上菲力牛排的軟嫩，但價格比起菲力或肋眼牛排要來得平實，深受一般平價牛排館所愛用 ＊國內易將肋眼與這塊上後腰脊肉給混淆，往往將肋眼牛排標示為沙朗牛排，事實是這兩塊肉不但位置不同，外型和油花分布與口感也都不同

註：以美國農業部定義的牛肉部位進行說明。以上圖片均由紐西蘭肉品局Beef + Lamb New Zealand提供。

Unit 2-1

牛肉選購小訣竅

買對肉品是成就享受一塊美味牛肉的重要關鍵！除了產地會影響口感外，牛肉的部位也直接影響了口感和肉質，再來就是選購時的很多關鍵因素了。

在台灣，一般消費者選購肉品不外乎兩個重要的來源：傳統市場與超市賣場。至於餐廳業者，小規模的肉品需求或許可在傳統市場或大型量販採購，但更多的時候是直接自肉類進口商選購進貨，而肉類進口商同樣會將肉品銷售給規模較小的超市賣場；換句話說，消費者其實也有可能間接透過超市賣場買到肉類進口商所進口的肉品。此外，台灣大型的量販店，如好市多（Costco）、大潤發、家樂福、愛買等都有自己的進口執照和管道，讓省下來的成本可以直接反映在售價上，嘉惠給消費者。

傳統市場最大的好處應該就是人情味吧！負責家庭採購的家庭主婦（夫）進到了傳統市場，多半有自己習於採購的固定攤位，不論是蔬菜、乾貨、海鮮或是肉品。當然，面對傳統市場裡的肉攤，難免總是會看到一塊塊不同部位的肉，或是掛著、或是攤在攤子上，對於消費者來說，都難免有很多問號在腦海裡浮現，諸如這塊肉是哪來的？這塊肉是哪兒生產的？這塊肉什麼時間屠宰、切割的？這塊肉攤在這個肉攤的檯子上又是放了多久、又熱又冷的氣溫到底擺了多久？總之，愈多的問號浮現，消費者對攤子上的肉品的信心是愈低。

消費者的信心有賴肉販老闆的耐心解說，最重要的是「誠實不浮誇」。還有，在傳統市場的肉攤子買肉可不全然是沒有好處的，地利之便是其一，人情味（偶有賒欠或是略施小惠給消費者）是其二，相同的部位仍能夠在幾塊不同的肉塊中仔細思量和檢視，也是採購時最主要的樂趣之一，這可是在超市等賣場裡沒有的。超市賣場裡的肉品，多為已真空包裝好的肉品，消費者能看見的也只有正面的肉質紋理、顏色和油花了，連聞聞味道的機會都沒有；當然，消費者是可以從售價來判定牛排品質的好壞。但是，在傳統市場可以要多少就買多少，只切下肉的某一部分購買是超市所沒有的好處。

相對於傳統市場的肉品，超市賣場當然也有其不被取代的優勢。符合國家CAS的認證肉品、包裝上清楚載明包裝日期、有效期限、產地來源、等級、部位，甚至油脂比例、重量、單價、總價，都是讓消費者安心選購的重要因素，而且另外一個重要優勢就是衛生，專業的大型量販店多半有符合HACCP的肉品處理空間，並且搭配大片透明玻璃讓消費者看得見工作人員在低溫的環境、全套的消毒設備和工作服、專業且定時消毒的切割包裝工具等環境下處理肉品，確實讓人放心許多。

牛肉產品因瘦肉精風波後，已於2012年8月經立法院三讀修正通過，並由行政院衛生署（今衛福部）公告辦理實施的食品衛生管理法所規範，所有牛肉販售場所都應清楚標示產地，在超市賣場裡，消費者可以買到切割分裝好後由賣場再自行以保麗龍盒盛裝，再覆蓋上保鮮膜的肉品，也可以自行選購國外原裝進口的真空包裝的肉品，例如牛腱。

下面為讀者談談在選購上，應盡可能注意的幾個要點。

產地與等級

如前述，產地在賣場裡都會有清楚的標示，不同產地的牛肉也會被清楚分區擺放，消費者可以依照自己對每個國家產地的牛肉特色、預計的烹飪方式，和自己的預算來斟酌購買合適的產地和等級。

一般來說，美國牛肉品質最棒的極佳級（Prime）多半銷往餐廳飯店，至於在賣場則以特選級（Choice）和可選級（Select）為大宗。一般消費者偶爾可以在市場定位較高的百貨公司超市，或是好市多賣場看到Prime級美牛，算是可遇不可求的機運，得需要些許運氣才買得到。

澳洲牛肉在各大超市賣場也都普遍容易找到，且多半以迎合國人口味的草飼後轉穀物飼養的澳牛，在價位上則是隨著油花等級和穀物飼養天數愈多，價格隨之愈高。

另外，以天然健康為訴求的紐西蘭草飼牛肉，近年也開始在台灣出現，但目前能見度仍然不高，有興趣的消費者，筆者建議宜多方搜尋比較。

冷藏溫度、包裝與有效日期

賣場裡的冷藏牛肉應多半陳列在開放式的冰箱裡供消費者選購。選購之前也請留意冰箱上的溫度計，或以手感覺肉品的冷藏情況是否良好。一般來說，冷藏溫度需在7℃以下，-1℃以上較為理想。

真空包裝與有效日期

製造日期與有效日期直接提供消費者很重要的參考數據，讓消費者自行斟酌是否購買即將到期的肉品。通常即將到期的肉品在傍晚時刻都會被賣場以特價方式出清，下班回家路上如果順道採購準備回家煮晚餐的讀者，不妨考慮這些即期肉品，吃得安全也吃得划算。但如果採購回去之後要放在冷凍冰箱儲存，除了日期須考量進去，也得注意包裝是否完整密封，以避免肉品因長期冷藏失去水分。

包裝與外觀

如果選購的是國外直接進口的真空包裝肉品，那麼首要的任務就是確認包裝袋的密封狀態是否依然良好，一旦有破損或是滲漏，那麼包裝上的有效期限標籤也就變得沒有意義。

真空包裝的主要目的就是隔離氧氣，延緩或抑制細菌的生長。包裝既然破了，那原有的理想保存天數自然也就大幅縮短，消費者得小心謹慎。

良好的真空包裝肉品是深紅色或暗紫色，乍看之下賣相不佳，但卻是合理的顏色。不像一般在超市賣場看到的冷藏肉品的鮮紅或櫻桃紅，那是因為賣場的牛肉只以保鮮膜包覆，接觸空氣機會大，氧氣接觸到了，肉中的酵素自然就會讓肉品轉變為櫻桃紅色（讀者可看看前頁所附的澳牛照片），賣像跟著好看許多。

真空包裝的肉品一旦拆封後，大抵約二十分鐘也會因為接觸空氣而漸漸由原本的暗紫或深紅色轉為櫻桃紅，買家大可放心選購。

氣味與血水

氣味也是選購肉品時的一個參考，但那也只有在傳統市場採購時，或是買回家拆了包裝後才有機會聞聞肉的氣味。正常的肉品應該帶有淡淡的牛肉清香，只是剛拆包裝時（尤其是真空包裝），肉品偶爾會有略微酸酸的味道，這多半是因為真空包裝造成厭氧性的乳酸菌的代謝所產生的自然味道，在拆封接觸空氣約二十分鐘後便會自然散去。

至於血水方面，如果血水為深紅色，或甚至呈現出了紅黑色還帶有黏稠感的話，就有可能是包裝不當或冷凍環境不穩定所造成，建議消費者不要拿自己的腸胃開玩笑會比較妥當。

▲ 安格斯牛　　©紐西蘭肉品局

Unit 2-2

食｜在｜安｜心｜健康、美味自然牛

所謂的自然牛（Natural Beef），是指牛隻自出生至送入屠宰場，飼養過程全程以天然穀物及自然人道方式飼養而成，不施打類固醇、抗生素、賀爾蒙等非自然添加物，飼料、水源皆完全天然無污染，讓牛隻在充分的自由空間緩慢而自然的長大，養殖成本比一般牛肉高出數倍，也得到了「牛肉界中的精品」的稱號。

因為食安問題頻傳，2012年餐飲業者甚至是超市賣場均一度流行起自然牛肉產品，雖然不等同於有機牛肉來得嚴謹規範，但自然牛也是以人道畜養、人道處理、沒有抗生素或生長激素等健康或人道概念，吸引著重視食品安全衛生的消費者。以白楊嶺（Aspen Ridge）安格斯自然牛官網上所述，其所生產的自然牛都有以下的特點：

1. 為特有品種——純正安格斯黑牛血統。
2. 為100%美國產出與育種。
3. 有完整的生產履歷——牛隻來源、年齡辯證可回溯到農場。
4. 為100%穀物飼養，無添加任何動物性飼料。
5. 絕無添加任何補充激素或生長促進劑。
6. 絕不使用任何抗生素。
7. 動物處理程序經由美國HFAC（Humane Farm Animal Care）人道畜牧及飼養組織的認可，每年接受嚴謹的檢查，確保動物得到人道的對待，例如有足夠並且衛生的生活空間。只要檢查通過都可以被授權使用"Certified Humane Raised and Handled"標章。
8. 產自於科羅拉多州獨家嚴選飼育場。
9. 具有負責任的土地管理措施。
10. 肉品經過USDA認證為Prime及Choice等級。
11. 工廠處理設施為GFSI（全球食品安全主張）所認證。

自然牛的肉質細緻、入口即化，風味乾淨清爽，並呈現出無可媲美濃郁又滑順的口感，灑上海鹽更添自然牛肉的新鮮美味，除可享受牛肉的純正風味，又可避免厚重的油膩感，不會為身體帶來過多的負擔。另外，若為天然放牧的自然牛，因為牛隻運動量足夠，低脂且少油花更成了重要特色，如紐西蘭牛肉。

筆者會建議真想品嚐牛肉的原味，消費者只要點三到五分熟度，而且通常只需以海鹽或者是特級橄欖油等油品作為提味即可，因為真正的好牛肉就要吃原味。例如國賓飯店A CUT牛排館的「美國自然紐約克牛排」以及「美國穀飼400日自然肋眼牛排」；還有台北遠東飯店的「超幼嫩自然牛排」，一樣提倡以健康穀飼、牛齡僅十七個月的自然牛，以濕式熟成的方式，先炭烤、後爐烤的方式，僅以海鹽及橄欖油調味，特別強調：「超幼嫩自然牛的肉質屬上乘中的上乘，不沾醬料更能吃出精髓！」

事實上，比起一般牛肉，自然牛的油花並非特別漂亮，但入口後因著天然、健康且柔嫩多汁的牛肉原味，可以帶給饕客絕佳的口感及風味，細細咀嚼，相當具風味。

什麼是穀飼牛？什麼是草飼牛？

穀物飼養方式，顧名思義是對於牛隻的餵養採用穀物，這相對於牧草不論在口感上或熱量上都比天然牧草占了上風，牛吃得好當然也創造出更多的大理石紋脂肪含量，牛吃得甜（如穀物及玉米）自然也就間接的改變了牛肉的風味。

草飼牛就算吃得再好的牧草，終究不敵穀飼來得熱量高、口感好，自然大理石紋脂肪含量也略少於穀飼牛，且脂肪的顏色也稍偏黃，不若穀飼牛肉脂肪雪白般的顏色。但對於在意飲食健康，不願或無法攝取過多脂肪的消費者來說，草飼牛肉當然會是比較好的選擇。

相對的，就美食主義者來說，穀飼牛油花多、肉質軟嫩、口感較甜，更能擄獲他們的味蕾，如美國牛肉、日本和牛都是穀飼牛的代表；此外，屬於真正自然牛的穀飼牛是指，全程以天然穀物及自然人道方式飼養而成，且不施打類固醇、抗生素、賀爾蒙等非自然添加物，飼料、水源皆完全天然無污染的牛隻，這是消費者要特別注意的。

所謂的「食在安心」近來廣為消費者重視，筆者以為凡事過與不及都不好，以醫師或營養師的觀點來看，均衡的飲食是勝過一切的。以下為美國柏克萊大學新聞學教授麥可．波倫（Michael Pollan）在《到底要吃什麼？》（*The Omnivore's Dilemma*）一書中的觀點，供讀者參考。

麥可・波倫指出，牛隻在改以此法飼育之後，原本需要飼養兩到三年才能達到500多公斤屠宰標準的重量，縮短到只需十四到十六個月就能達成，同時油花豐潤更具賣相。但原本草食放牧的牛隻，改以此法飼育後，食品科學家們發現可能導致以下幾個問題：

❶ 吃草的牛，胃的酸鹼值本是中性，但被密集餵食玉米後的牛隻，腸胃道環境開始改變（變酸性），因而牛隻易出現免疫系統減弱等徵兆，也易受各種疾病侵襲，導致畜牧業者必須在飼料中加入藥物（如抗生素）來維護牛隻健康。

❷ 牛隻藉由玉米等人工飼料來達到快速肥育的目的，但這種牛肉容易含有過多的飽和脂肪酸，而人體健康所需的非飽和脂肪酸，所含比例卻極為有限。

❸ 畜牧業者過去除了餵食玉米，還大量餵食動物性蛋白質（如牛骨粉或羽毛粉）以快速肥育牛隻，科學家發現，這種餵養方式很可能就是導致「牛海綿狀腦病」（Bovine Spongiform Encephalopathy, BSE），就是俗稱狂牛症發生傳染的原因之一。

▲ 海佛牛

Unit 2-3

什｜麼｜是｜熟｜成｜牛｜肉｜？

到底什麼是牛肉熟成（Beef Aging）？牛肉熟成又能創造出什麼樣的效果？根據美國肉類出口協會的說明是：「和葡萄酒、乳酪一樣，牛肉必須經過熟成的程式，才能增添其風味。簡單來說，熟成是提升牛肉嫩度（Tenderness）、風味（Flavor）、含汁性（Juicy）的連續性過程。一般分為乾式熟成（Dry Aging）和濕式熟成（Wet Aging）兩種。」

肉品熟成的觀念近年來逐漸在國內漸漸被餐飲業者所提起，也讓消費者開始對這個字眼有所認識。以筆者所服務的勞瑞斯牛肋排餐廳為例，早在2005年起就已採用規格為USDA Prime極佳級牛肉，並將牛肉需經過二十八天的熟成期作為廣宣上的重要訴求，當時仍未曾聽聞同業有過以此話題作為廣宣的主軸，為了讓媒體朋友和消費者瞭解熟成的技術與科學根據，還邀請服務於實踐大學食品營養學系的黃乃芸博士在餐廳舉辦記者會，為熟成牛肉做詳實的說明。

▲ 安格斯牛

不論熟成的方式為何，目的都是相同的，都是利用熟成的過程來提升牛肉的嫩度、風味香氣，以及多汁性。這道理其實和葡萄酒、乳酪、金華火腿、臘肉，甚至釀造醬油都有異曲同工之妙，巧妙的運用好菌來發酵或改變食物的結構與風味，提升整體的口感。

熟成的動機

在現今的電宰作業中，牛隻在屠宰過程中須先經電昏再進行放血，雖能減少牛隻的痛苦，然而死亡前的恐懼仍是可以察覺的，造成牛隻肌肉緊迫，且牛隻在短時間內放血的過程，導致屠體溫度在幾個鐘頭內快速降低，這些都會造成肉質的僵硬，進而影響口感。

屠宰業者為了解決牛肉僵硬的問題，便在屠宰後三十分鐘內，以100伏特的電壓電擊屠體，或是在超過三十分鐘後，以400至500伏特的電壓電擊屠體，主要是藉由電擊，使屠體的細胞壁變得脆弱，再移到略低於室溫的環境下（20℃以下），由後腿倒著吊掛起來，讓整隻屠體的肌肉得以伸展放鬆，這個動作被稱之為「解僵」，一天後再正式進行熟成的程序。

台南地區著名的小吃清燉牛肉湯用牛大骨熬湯後，涮上生牛肉片雖然好吃，但這也主要是因為台南善化牛墟一代是台灣僅存、也是最早有的本土牛肉交易的市場，享盡地利之便，在牛隻屠宰後可立刻被端上餐桌。但是隨著時代演變和電宰的普及，這種傳統屠宰的溫體牛肉已經不多見了！

▼ 牛隻的屠體檢驗

©紐西蘭肉品局

熟成的原理

牛隻屠體在完成解僵後就會被進行分切，然後進行熟成的手續。在熟成所需的特定環境下，牛肉中的酵素會慢慢的軟化肌肉組織，並轉化肉中的蛋白酶素，除了讓肉質變軟嫩，也帶出了更有層次的風味。就像品嚐紅酒或抽雪茄時，喜歡享受過程中所帶來的或是起司、或是橡木、或是香草水果的香味，紅酒熟成後所帶出的香味也有異曲同工之妙。一般來說，肉品在經過七天的熟成之後就會在嫩度上有大幅度的改善，而二十一至二十八天的熟成則是市場最青睞的階段。

乾式熟成

熟成肉品的概念起於19世紀，牛隻在屠宰後被進行大塊的分解隨即被送進一個穩定且特定環境中靜置。冷藏熟成室的溫度約在攝氏0度左右，濕度約控制在50%至85%之間，搭配良好的空氣對流循環，讓肉品本身得到環境所賦予的風乾條件，藉由肉品內的天然酵素軟化肌肉組織，並帶出特有的香味。

一般來說，大約兩個星期後肉品就因為風乾失去水分，而失去了約20%的重量，再加上外表因風乾而無法食用，必須在烹飪前完全切除外表，這些失去的水分和丟棄的外表，都不斷地墊高了可食用部分的牛肉成本，這也是為什麼乾式熟成牛肉昂貴的原因。

肉品的大理石紋脂肪含量愈高，且外部脂肪包覆愈完整的肉品，愈是乾式熟成的首選，因為這些脂肪能夠有效保護肉品免於失去過多的水分，讓失重的情況能夠減少。一般來說，在台灣的消費者想要品嚐乾式熟成的牛肉多只能在少數幾家高檔牛排館的菜單上看到這道令人銷魂的美味牛排了。

奔入五星級飯店的熟成牛

乾式熟成牛排通常都是以丁骨、肋眼等部位牛排居多，只是筆者得提醒大家，計畫品嚐乾式熟成牛排出門前可得先墊墊荷包才行！

一般而言，熟成所需的時間則介於二十天至四十五天之間不等，牛肉熟成時的實際溫度、濕度與熟成時間需依據原料肉品狀況、當地的氣候與廚師個人的偏好而有所不同，引述知名牛排專家陳重光主廚在《21天的秘密：老饕的牛排聖經》的一段話供讀者分享：

▲ 乾式熟成紐約客牛排

製作乾式熟成牛肉，最重要的條件就是牛肉的脂肪含量要高，不只是肌肉組織裡的大理石油花含量須達到Prime級，在沒有分切的肉塊表面，更需要覆蓋一層厚厚的脂肪，這層脂肪在牛隻體內扮演保護肌肉組織的作用，經過分切之後，這些脂肪一來可以防止肌肉裡的血水過度蒸發，二來也可以發揮保護作用，讓牛肉組織不會過度硬化，待熟成完畢時，也不會因為需要切掉太多肉而浪費了食材。而丁骨牛排最符合上述要件，因此最適合製作成乾式熟成牛排。

除了勞瑞斯牛肋排餐廳之外，不少國內五星級飯店也都提供頂級牛排供饕客選擇，如國賓飯店A CUT牛排館與高雄漢來牛排館等，都先後選擇使用乾式熟成方式，經過二十一至二十八天不等的熟成期，豐富牛肉的風味、增加牛肉的嫩度，使整個口感上的牛肉更為多汁。A CUT的主廚江定遠更是打趣的表示：「如果說自然牛的味道像是清純少女，經過乾式熟成後，就成為風味濃厚純正的熟女。」可見五星級飯店用乾式熟成鎖住老饕的企圖。

濕式熟成

濕式熟成的起源來自於降低成本的動機。利用真空塑膠袋包裝分切後的肉品，隔絕了空氣並有效減少細菌的孳生，其熟成的整過過程是在真空袋內進行著。

濕式熟成較為不同的是，藉由牛肉在冷藏運銷期間，在真空袋內自行進行熟成作用，不用像乾式熟成必須存放在昂貴的恒溫、恒濕控制、具有紫外線殺菌器的冷藏熟成室內、且需仰賴經驗豐富的專業人員監控熟成的狀態，濕式熟成也不用損失將近20%至30%的牛肉原料；也就是說，濕式熟成只要能夠維持在0℃左右的環境下就能在二十一天後達到熟成的理想狀態，而二十八天甚至到四十五天當然也會有更好的嫩度和風味。只要能確實掌握穩定的冷藏溫度，冷藏的牛肉甚至可以靜置放到三個月以上。

▲ 濕式熟成肋眼牛排

如同前述所言，再看看美國冷藏濕式熟成的牛肉業者的推波助瀾，不難想像會是買賣雙方的最愛，因為濕式熟成牛肉只要在牛隻屠宰切割並加以真空包裝後，即可冷藏裝運到世界各地，並且利用在海上運送時同時進行熟成手續，不僅可省下龐大的儲存空間，也不用耗費巨資建立熟成室外加監控的人力等成本，因此濕式熟成牛肉的價格向來比較經濟實惠，也較切合一般消費者市場。

試想，以大型的牛肉屠宰供應商一天只要屠宰個五百隻牛肉，光是要取下牛隻左右兩側肋眼牛排，且每條以7公斤計算，再加上靜置二十八天的累計數量，這需要多大的乾式熟成室，光這時間上、空間上的成本就令人咋舌。而濕式熟成則完全沒有這方面的問題，真空包裝後直接裝箱就可以準備出口，省下來的時間和空間成本都能夠反映在售價上，讓濕式熟成的牛肉價格更親民。再者，再如前述所提到的乾式熟成會有失去水分重量耗損，以及切除外表風乾硬掉的牛肉耗損等這些損耗成本，也都是濕式熟成牛肉所沒有的問題，這也是為什麼濕式熟成牛肉大受歡迎並且成為市場（尤其外銷）大宗的原因，一般消費者在超市所買到的牛肉皆為此類。

©紐西蘭肉品局

▲ 黑胡椒牛排

Unit 2-4

什｜麼｜是｜重｜組｜牛｜肉｜？

前幾年曾經發生幾家知名的大型連鎖平價牛排館因為使用重組牛肉（Restructured Beef）遭到媒體報導後，形成一股餐飲業的風暴，消費者人人自危，且讓受到波及的連鎖企業商譽和營收受到嚴重的衝擊。有趣的是，消費者拒食、抗食的行動多來自於無名的恐慌，超過重組肉所實際帶給消費者的健康危害。

在當時的時空環境下，多數的消費者並不知道什麼是「重組牛肉」，除了食品衛生專家、營養學專家、餐飲業者、牛肉經銷業者對於重組肉究竟是什麼有著較清楚的概念之外，一般消費者甚至沒有聽過這個名詞，更不用談對重組肉風暴所帶來的疑慮有完整概念了。

重組牛肉究竟是什麼？安全嗎？這是消費者想要得到的首要答案，以下是行政院消費者保護委員會召衛生署（今衛福部）、農委會、經濟部及業者研商後所下之定義特徵及食用方法：

❶ 只要不是原形肉，經過調整、塑形、絞碎、組合、黏接、調味等加工過程，不管是絞肉還是肉片接肉片，都算是重組肉。

❷ 其特徵為：切邊完整、肌里分布不一、良好規則呈橢圓形或圓形。

❸ 重組肉必須熟食才具安全性。

依照上述的定義，讀者可以聯想的，最直接的大概就是漢堡了！

漢堡肉的做法不外乎將肉絞碎後，以不同部位、不同等級或不同肉品（豬牛混合）後，加上洋蔥、碎紅蘿蔔與些許辛香料做調味後，以蛋白作為定型的輔助接著劑，甚至放入模具中讓每一塊漢堡肉都長得一模一樣，這就是典型的重組肉。

如果說重組肉是違法的黑心食品，說法未免太過偏激了，如此一來，市面上從獨立個體到連鎖的早餐店、麵包店、甚至跨國的速食連鎖等，他們難不成都在賣黑心商品?! 當然不是！只要能在安全衛生的環境下做這些肉品的加工，食品的本身就是安全的。

除了漢堡，香腸、火腿、熱狗等所有肉類的再製產品也都是相同的道理；因此，消費者要記得，這些食品都必須熟食，食安才具保障。至於，為什麼重組肉會受到媒體大篇幅的報導，應該是說以前大家都不知道這些平價連鎖牛排館有使用重組牛排，一旦知道之後就驚為天人的大幅報導。

為什麼這些平價連鎖牛排館要使用重組牛排呢？就是因為平價，致業者在選擇肉品的來源時，成本的考慮成了首要目標，而成本又反映在產地、等級及肉品本身的品質，例如油花少、筋多、肉品本身部位口感稍差……，多數業者又希望消費者能夠嚐到好吃的平價牛排，也就大費周章地以人工搭配自動化設備的方式，將大塊的筋膜從肉塊中切除，再利用蛋白作為接合劑予以黏著。再者，為了讓這些大型連鎖店能夠有更一致標準的產品規格，例如形狀、重量等，所以才又利用模具讓每塊牛肉長得一模一樣大小。

筆者曾經在平價火鍋店看到工作人員從冰箱取出以真空膜包覆著的12×40公分的圓柱體肉品，拆封後送上切片機削成薄片讓消費者拿來涮火鍋。試想，原體原塊的牛肉哪能長得如此漂亮，唯有透過模具塑形才有如此長相，想當然爾包括我自己本身，當天也就吃下不少重組肉。

重組牛肉只要處理過程合乎安全衛生規範，黏著劑本身也採用天然食材（蛋白），不是人工製造或為非食品級的黏劑，在烹調過程中確認肉品已完全熟透，那麼基本上並無不可，國內外皆是如此！

在國外的餐廳如果有使用重組肉品，都必須在餐廳門口和菜單上做清楚的標示，讓消費者有知的權利，並且由付費方自己決定是否消費重組肉品。在台灣，衛生福利部也曾經發函各縣市衛生局基本的處理原則：

一、政令宣導：

❶ 加強宣導重組肉都應熟食，以避免病原菌可能造成的危害。

❷ 通知轄內牛排業者，若使用「重組」牛肉作為牛排之原料，應於菜單上明顯標示「重組肉」或相關字樣以確保消費者權益。

❸ 若有消費者檢舉餐廳使用「重組肉」而未於菜單上明顯標示，經查證屬實者，二週後公布餐廳名稱。

二、函請連鎖牛排業者：

❶「重組肉」較原始肉有更多接觸細菌之面積，造成污染之風險亦會相對加大，因此重組肉不宜生食。

❷ 若有消費者檢舉餐廳使用「重組肉」而未於菜單上明顯標示，經查證屬實者，二週後公布餐廳名稱。

©紐西蘭肉品局

©澳洲肉類畜牧協會

Unit 2-5

存｜放｜與｜料｜理｜前｜的｜準｜備

從超市賣場買回來的冷藏牛肉，回到家後建議拆開原本保麗龍盒上的保鮮膜，取出牛肉後，將多餘的血水擦拭掉後再放回去並包覆好；或是直接更換容器，使用家裡乾淨的保鮮盒之後，立即放回冰箱冷藏。這樣做的原因是因為要避免牛肉一直泡在血水中。消費者從買到肉品到回到家裡，通常都需要一些時間，尤其是在賣場買的牛肉。牛肉離開冷藏冰箱置入購物車，再採購其他物品，最後才排隊結帳，之後又到了空氣悶熱的地下室把肉品放在車上一路回到家，少說離開冷藏環境至少有一個小時，尤其在夏天，這一個鐘頭就足以讓細菌有了滋生繁衍的好機會，對食物的安全來說是個考驗。因此，回到家後盡速擦拭掉血水甚至換個保鮮盒，就應立刻放回冰箱冷藏。此外，筆者建議最好在兩天內食用完畢。

此外，應捨棄掉原本賣場使用的白色保麗龍盒改用家裡的保鮮盒，可以完全確保肉汁血水不外滲，以免進了冰箱後因血水不小心流出，汙染冷藏環境及其他食材。並注意生食在下層、熟食在上層的原則。

冷凍、冷藏肉品購買後的存放

餐飲業冷藏儲存食材的重要法則是生食在下層、熟食在上層，目的是為了確保食品不會交叉汙染。如果讀者購買的是從國外就原裝真空包裝好的牛肉，建議回到家後再重複檢查真空包裝袋是否依然完整、氣密度良好，以免肉品短時間內變質不自知。

冷凍肉品買回家後，如果沒有要在兩天內食用，建議存放在冷凍庫內保存。雖然冷凍可以讓肉品放上一整年，但家用冰箱開關頻繁，小小的冷凍庫溫度變化大，還是有風險，故還是建議在一週內食用完畢。

肉品的快速解凍與退冰

標準的解凍退冰程序，必須於十二小時前將肉品從冷凍庫移到冷藏庫，讓肉品有十二個小時的時間，從-18℃的環境緩慢回溫到4℃左右的溫度。讀者可隨著肉塊的大小，做時間上的調整。這麼謹慎緩慢的主要原因是避免細菌的孳生，而且緩慢的回溫有助肉品能夠儘量保留住本身的肉汁美味。

解凍後仍須留意血水是否暗黑、濃稠，如果是的話，那麼變質的機會很大，建議搭配聞聞肉品的氣味是否有異狀，或有無腐敗味，以及肉品外表摸起來是否黏稠，如果有這些現象，建議讀者不要食用，小心為妙，以免壞了身子。

如果臨時起意想吃卻沒有退冰，微波爐的解凍功能是個選擇。一來省時間，而且在食品安全衛生上也比較不會有疑慮。但是微波爐對於肉汁的保留和烹飪後的口感，難免會有些減分作用，這是必須瞭解到的。另外一個方式是，將肉品以塑膠袋確實包紮好之後，用流動的冷水、甚至溫水來解凍肉品，時間上雖然沒有微波爐來得快速，但是對於肉品的品質更能保障。

©澳洲肉類畜牧協會

©紐西蘭肉品局

調味醃漬

基本上牛排的調味可以很簡單，在煎烤牛排之前輕輕撒上些許的海鹽，就能有意想不到的提味效果，而且能夠品嚐到牛肉原味所帶來的香甜和層次。

當然，每個人的喜好本就不同，現在市面上也可以買到各式辛香料來作為醃漬牛肉的材料，讀者可以依照醃漬物的特性和入味所需的時間，提前在幾個鐘頭前、甚至前一天就預先擺放在冷藏冰箱裡醃漬，也是很不錯的選擇。

烹飪前回溫

相較於選購和冷凍冷藏的一些小訣竅，烹飪前的回溫對一般人來說相信會顯得很陌生。

從冰箱拿出來的冷藏肉品其實是不適合立即進烤箱或下煎鍋的，正確的做法應該是將冷藏的牛肉在烹飪前至少需有半個小時的時間，拿出來放在室溫下，讓牛肉得以在室溫中逐漸回溫。

這樣的作法，一來可以讓牛肉的酵素活絡起來，且中心點溫度和肉的外部能夠更一致，避免下鍋或進烤箱後，肉塊本身因內外溫差過大，致血水流失過多，而不容易掌握熟度；二來也可以藉著在室溫下回溫時，順便擦拭過多的血水讓肉的外表稍稍乾燥些，烹飪後的成品外觀會比較具食相。

不過，基於食品安全衛生的原則，夏天時筆者可不建議室溫下回溫超過一個小時，重點應避免細菌孳生，同時還要注意肉品的覆蓋，避免接觸到其他食物或是不必要的器皿。

©紐西蘭肉品局

PART TWO

牛排怎麼吃

瞭解牛肉的營養、牛隻的品種、國度，
以及飼育方式之於牛肉品質上的對應關係後，
相信各位食家對於選購牛肉已經有了更深一層的瞭解。

只是，要烹調出一塊好吃的牛排除了要選對食材外，
後續如何針對一塊不同牛肉部位，選擇合適的烹調方式、掌握合適的熟度，
進而搭配簡單卻深具畫龍點睛效果的調味品，更是重要的關鍵。
在接下來的篇幅裡，就讓筆者帶領各位讀者一窺這其中的奧妙囉！

一般對於烹飪的認知不外乎
煎、炒、煮、炸、蒸、烹、滷、烤等常見的方式，
其實說穿了都是一個原理就是「加熱」，
利用不同形式將熱導入食物當中，
藉以破壞食物中的結構，
讓食物中的蛋白質結構得以破壞，
使口感變得更嫩也更易入口消化，
而這當中依照不同的食物，
賦予不同形式的加熱方式和調味，
讓食物彰顯出其應有的美味，
甚至因為有了調味或其他食材的加入，
而有了更令人意想不到的加分效果。

Unit 3-1

牛｜排｜的｜常｜見｜作｜法

煎 Pan Searing

煎牛排可說是最常見、也是在家中最容易烹飪牛排的方法。多數的家庭廚房裡要找到一個不銹鋼的平底鍋，遠比找到一個具規模的專業烤箱來說要容易多了，以下介紹以平底鍋為用具常見的烹飪方式。

牛排自冷凍或冷藏處取出解凍與進行適當回溫後，先將牛排表面多餘的水分用餐巾紙稍稍吸乾，輕輕灑點調味鹽巴或辛香料後，將平底鍋淋上少許的油，等鍋熱了即可把回溫過的牛排放下去煎。在適當的時間翻面繼續煎，直到喜歡的熟度即可起鍋。

基本上要留意的是牛排本身的厚度，如果像是菲力牛排、紐約客牛排這種比較具有厚度的牛排，就建議表面上色封汁後，將爐火稍微轉小，以免外部過熟、過焦，肉的內部卻還太生。萬一要將厚切的牛排煎到七、八分熟，不轉小火的話這塊牛排外表已經談不上美味了。

究竟煎牛排要不要一直翻面呢？多數的食譜上總是會提到煎牛排的時候，每一面在煎鍋裡二至四分鐘直到牛排被煎成想要的熟度，而且在煎牛排的過程中只翻一次面就好，或至少儘量減少翻面的次數。筆者在這邊要提出另外一種新論點給讀者參考。

旅遊生活頻道（Travel & Living Channel, TLC）就曾推出一系列『米其林大廚學堂』的美食專題節目，邀請英國著名的米其林三星餐廳『肥鴨餐廳』（The Fat Duck）的主廚赫斯頓．布魯曼索爾（Heston Blumenthal）擔任掌廚，分享給所有觀眾朋友全新的烹飪觀念。他從未受過正統的廚藝訓練卻無師自通，並且鑽研分子料理，在英國廚藝界有非常崇高的地位，還曾經獲得英國女王的邀請，前往白金漢宮的私人宴會中掌廚。他的另一項特色就是以科學化、數據化的精神將烹飪的過程用物理科學及化學科學的角度來解析，以獲得強而有力的公信力。

©澳洲肉類畜牧協會

赫斯頓認為，煎牛排是可以有方程式的。他曾經利用熱顯像攝影機來拍攝煎牛排的過程，他發現在煎鍋上方未受熱的那面牛排溫度降得非常快；因此，要讓牛排的外表被煎得香脆好吃，唯一的秘訣就是讓牛排表面保持高溫，而要達到這個目的的方法就是在煎牛排的過程中每十五至二十秒就必須翻面，讓牛排的兩面溫度都能保持在高溫下。他同時也認為牛排要煎得好吃首推「挑對牛排的部位」；肋眼或沙朗帶有一定的厚度，而且有豐富的脂肪油花，在煎之前讓牛排回溫到接近室溫的溫度，煎起來才會多汁、嫩口、不乾澀。此外，赫斯頓也分享了他煎牛排時會等到煎鍋上的油因為高溫而冒煙，才將牛排放到煎鍋裡；大火高溫的煎鍋會讓牛排表皮煎成褐色，並透過神奇的梅納反應造成蛋白質和糖分的結合，創造出鮮甜的肉味。

梅納反應（Maillard）

梅納反應是一種廣泛分布於食品工業中的非酶褐變反應。是指將食物中的還原糖（碳水化合物）與胺基酸／蛋白質在常溫或加熱時所發生的一系列複雜的反應，除產生類黑精外，反應過程中還會產生成百上千個不同氣味的中間體分子，就是這些物質為食品提供宜人可口的風味和誘人色澤。梅納反應是現代食品工業密不可分的一項技術，在肉類加工、食品儲藏、香精生產、中藥研究等領域處處可見。

上述的兩種說法，一個是老師傅的經驗傳承，另一個則是年輕無師自通，卻帶有濃厚科學數據撐腰佐證的年輕名廚，到底哪一種手法煎起來較為好吃，看來得有賴讀者有空時在家煎牛排親自試試囉！

煎＋烤　Pan Searing and Baking

如果家裡有具規模的烤箱（60×60公分或以上），例如瓦斯爐下方崁入式的烤箱，或是崁入廚房其他櫥櫃空間內的烤箱，則可以考慮採用煎烤的方式來烹飪牛排。但如果是一般常見的桌上型小烤箱就不建議這麼做，因為這種桌上型小烤箱多半以電熱燈管作為加熱工具，不管是熱度的穩定性和烤箱內溫度的均勻性都不足，再加上桌上型烤箱內部空間普遍都小，在調整上下火的意義其實不大。

那麼，煎烤的過程又是如何呢？簡單說來就是結合了前述煎的方式搭配烤的方式，先依照前述煎的流程簡單將牛排兩面煎過封汁（厚切牛排的話側邊也要煎過），讓表皮上色甚至焦香，接著放入烤盤或如果平底鍋是整支不鏽鋼或鑄鐵製成，可以連鍋帶肉移入烤箱內烤到需要的熟度即可。

這種煎烤的方式對於厚切的牛排尤其適合，因為它可以兼顧令人討喜的外表焦香，但是內部卻依然可以依照所需要的熟度保留肉汁和生嫩的口感。但是對於薄切的牛排，例如6盎司小份量的肋眼、紐約客牛排、牛小排或沙朗牛排，因為原本厚度就不厚，其實採用煎的方式或煎烤的方式差別並不會太大。

煎烤的方式在各餐廳都被大量地使用，菜單上會寫「煎烤○○○」或簡略以「香煎○○○」來陳述，但其實在廚房裡幾乎都是用煎烤的複合方式來完成整道菜，一方面是為了肉排美味讓客人吃得開心，另一方面是為了營運上的操作順利，外場點餐之後廚房即可先初步完成煎的動作後待命，直到服務員通知廚房準備出主餐時，再將已經煎過表面的牛排或其他肉類主菜進烤箱直到指定的熟度後裝盤上菜。

炭烤 Char-Grilled

真正的作法是以炭火為熱源，上方搭配一條條鑄鐵製成的烤架，最大的特徵就是烤出來的牛排會有明顯的烙痕，享用牛排時也會因為炭火的緣故，而有一股特殊的碳木味。在更講究一點甚至會採用各種果木，例如龍眼木、櫻桃木、甚至蘋果木等，增添牛排的果香味。其實現在更多的時候多半都已改良成瓦斯爐火，讓經濟效益和生產效率都提升，只是就是少了那麼一點點原始樸質的味道。

通常在餐廳裡炭烤爐架面積都不小，廚師會利用不同的區塊來區隔不同的溫度區，高溫用來烙痕，中低溫則用來將牛排烤成所需的熟度。如果面積不夠大而不容易區隔溫度時，也會有餐廳只拿碳烤爐來烙痕，接著就進烤箱烤到需要的熟度，和上述提到的煎烤方式有異曲同工之妙，只是加了烙痕也算是視覺上的另一種享受吧！

而在一般家庭裡應該不會有人在家裡廚房配置這樣的設備，如果想在家享受碳烤牛排的樂趣，則不妨添購一個炭烤鍋來過過癮。碳烤鍋其實就是一個長相類似平底鍋，但是在鍋裡有類似炭烤烙條的設計，同樣把碳烤鍋放在瓦斯爐上加熱再把牛排放在鍋裡烤，形成一條條烙痕。當然啦，這純屬視覺上的享受或樂趣，至於炭烤的香味就只能自己神遊想像了！

不管是真的木炭烤、瓦斯爐炭烤，或是用碳烤鍋烤，都有一個特色，就是牛排在烤的過程中，因為遇熱而釋出的融化後的脂肪，都會滴落到烤爐裡或碳烤鍋的底部，讓食家在享用牛排時得以少攝取一些脂肪。

上火烤（炙烤） Broiled

相較於前述提到的熱源來自下方的各種作法，上火烤則有別於其他，顧名思義就是其熱源來自牛排的上方。好處是利用熱空氣往上升的原理，讓牛排的上層表面高度遇熱而形成薄薄一層的焦酥口感，而且在烤的過程中滴下來的油脂不會落進火源裡而造成過多的煙霧。

上火設計的烤爐有電熱管和瓦斯爐的兩種設計，其中又以瓦斯熱源溫度表現較佳，搭配可以由師傅隨時自由調整高度的烤架，來控制牛排和火源的距離與熱度，是個相當好用的設計。

上火烤爐沒有如一般的下火設計炭烤爐那樣的普遍，造價昂貴是主要的原因之一，但是上火設計的烤箱通常可以創造出的溫度遠比炭烤爐高上許多。以筆者所服務的餐廳為例，當初添購的上火烤爐就是看上它可以達到2,500°F的優異表現，烤出來的牛排品質自然不在話下。

爐烤 Roast

相較於上述的各種烹飪方式，爐烤差異性主要來自於熱源較低，所需的烹飪時間相對的也拉長不少。前述的各種烹飪方式基本上都是讓牛排處在高溫的環境下，短時間內完成烹飪的手續。高溫處理難免在過程中流失肉汁和油脂，以取得外層焦香、內部軟嫩的口感；低溫爐烤主要的訴求則是盡其所能利用溫和的低溫（400°F

以下），讓牛肉裡外均勻受熱，盡可能完整保留肉汁在其中，完成後不管是外表或裡層都能有軟嫩口感和多汁的特性。這樣的烹調方式尤其適合大塊厚切的牛排，例如菲力牛排、紐約客牛排，或是知名的勞瑞斯牛肋排餐廳裡最著名的整大塊牛肋排了。

以勞瑞斯牛肋排餐廳所選用的USDA Prime級牛肋排為例，整大塊牛肋排放在擺放了烤網的烤盤上，進烤箱前重量約8至9公斤不等，包含了第六到十二根肋骨，整塊的長度約有40公分左右，並且帶有完整的脂肪作包覆，就是採用了大型旋風爐烤箱以低溫的方式烘烤，徹底地鎖住肉汁。烤好後再轉進另一個更低溫的烤箱中讓整大塊肉的溫度更均勻。

另外一種爐烤方式則是以烤盆來取代烤盤，利用烤盆本身的深度可以在烤盤底部鋪上芹菜、洋蔥、紅蘿蔔、各式辛香料，一來避免牛肉底部直接接觸烤盤造成焦黑，另一方面也可以藉由這些蔬菜或辛香料來提升牛肉的香味。

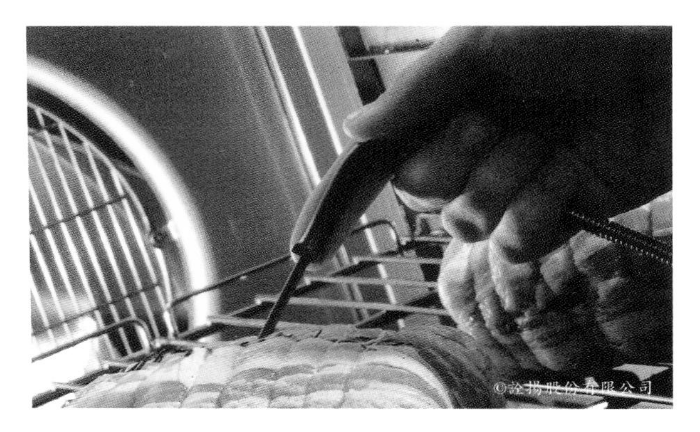

通常爐烤箱都會搭配風扇在烤箱內，也就是讀者們常聽到的旋風烤箱，透過風扇造成烤箱內熱氣體有良好的對流，使整體的溫度能夠更均勻，烤出來的牛肉品質也能更為穩定。爐烤箱的另一個重點就是內部的烤箱壁材質，金屬、陶瓷、甚至石材的材質都有，這三種物質的物理結構均不同，導熱和保溫效果也不同，導熱慢的石頭會比導熱快的金屬保溫效果差，溫度的均勻度也會較差；相對上，金屬材質烤箱壁的烤箱就會比陶瓷和石頭烤箱壁的烤箱來得便宜。

有些烤箱甚至會附有探針，方便廚師隨時取用插入肉塊中心點以測得精準的溫度，透過導線將溫度顯示在烤箱面板上。一台進口的烤箱動輒數十萬甚至百萬，除了嚴

▲ 傅昭蓉—爐烤香料腹內肉排佐櫛蝸牛肉塔

謹要求各項細節，例如最高可達溫度、精準的計時器和溫度探針，還有烤箱壁的材質之外，精確的溫控更是廚師的重要考量，也難怪幾家高檔牛排館除了比牛肉來源等級、熟成方式和天數之外，也在烤箱的功能特色上作競爭，而最大的受益者當然就是大啖牛排的消費者囉！

享用前靜置

看完了上面介紹的各種牛排常見的作法，相信讀者應該多少會有衝動到自家附近的超市賣場買塊牛排回來自己調理一番，不論選擇用煎、煎烤、甚至碳烤或爐烤的方式來自己料理牛排，筆者都建議讀者注意三個很重要的步驟：第一，買一塊自己喜歡、而且品質好的牛排；第二，料理之前記得完全的解凍，並讓牛排在室溫下回溫個二十至三十分鐘；第三，是讀者很可能不曾聽說的訣竅，就是讀者在料理好牛排之後，熱騰騰的擺在餐盤上時可別馬上就狼吞虎嚥地把牛排送進嘴裡，請先靜置個兩至三分鐘，讓這塊牛排因為受熱而釋放出來的肉汁，隨著這兩至三分鐘的靜置冷卻，讓肉汁又悄悄的被吸回肉裡去，這短短的幾分鐘絕對是值得等待的哦！

值得建議的香料奶油搭配牛排

很多時候我們可以在餐廳看到被端上桌的牛排，除了焦香的外表之外，上面還擺了一塊小奶油，並且隨著牛排的溫度緩緩地融化，讓奶油變得更香、更油亮，而牛排也變得更香更好吃。這是一道自己可以在家製作的簡單餐點，因為整道菜除了把牛排煎好之外，接下來就只剩製作這塊香料奶油了。

首先，建議讀者可以選購進口的、品質優良的無鹽奶油，接著您可以隨著自己的喜好，選購自己想要融入到奶油塊裡的香料，從常見的蒜香，或是西方的各種辛香料，例如百里香、迷迭香、西洋芹、羅勒都可以做搭配。回到家後將奶油放在室溫下讓它稍微軟化，依照自己喜歡的鹹度將鹽撒在奶油上，再把想要帶進來的香料剁碎後拌入奶油裡就大致完成了。有些人會喜歡再淋上一些威士忌或白蘭地來增添奶油的香味，這也是不錯的選擇。

奶油和調味香料充分拌勻後就可以用鋁箔紙或保鮮膜確實紮緊呈長條狀，放進冷凍冰箱約二十分鐘後就可以定型備用了。享用的時候只要趁著牛排煎熟靜置的那二、三分鐘，順便切一片香料奶油放在牛排上，一邊吃一邊融化在牛排上，既簡單又美味！

Unit 3-2

牛｜排｜的｜熟｜度

▲ 陳奕憲—法式嫩煎腹內肉排

在餐廳時最常被客人問到的問題之一就是「點幾分熟比較好吃？」而我所能回答的通常是「我個人比較喜歡吃〇分熟……」，之所以會這樣說是因為，「個人喜好不同」，好吃與不好吃個人感受不同，直截了當告訴客人幾分熟好吃並非標準答案。例如大多數的人會點用五分熟或七分熟，但這真的是每一個人都喜歡的熟度嗎？我想並不盡然。

東方人總喜歡講求中庸之道，敢吃三分熟牛排的人也比較少，願意吃全熟而有點乾硬口感的人也不會太多，所以五分、七分熟自然就成了主流，接下來就是看五分熟內部稍帶點血水，或七分熟有些微淺粉紅色的選擇了。

對於牛排的熟度選擇方面，除了消費者個人的喜好之外，主廚通常會根據賓客選用的牛排餐做建議，一來基於牛肉部位作建議，二來也因食材烹調方式的不同進行建議，例如一般自然牛與頂級熟成牛主廚會建議賓客選用三分或五分的熟度，原因是真正的好牛肉就是要吃原味。又如七分熟的牛排因為受熱較久，筋膜蛋白質結構受到的破壞較多，會比三分熟的牛排吃起來更易咀嚼吞嚥；在肉的顏色上，七分顯得灰褐色，三分熟的肉塊則帶有大部分的櫻桃血紅色，吃起來生嫩，也比較不容易咬斷肉質纖維，因此比較不容易吞嚥，特別是遇到有筋膜的時候，就得要多多咀嚼再吞嚥，這些都是明顯的差異。

熟度的變化

牛排隨著加熱的時間愈長，熟透的程度也愈明顯。不同的熟度所帶出的血水肉汁、口感、顏色，甚至味道也都會有不同程度的變化。西方人把牛排分為五個等級，分別是一分熟（Rare）、三分熟（Medium Rare）、五分熟（Medium）、七分熟（Medium Well），以及全熟（Well Done）。（參見附表）

牛排的熟度與特徵

熟度	肉體中心溫度	特徵
一分熟 Rare	120-125°F	外表薄薄一層灰褐色，切開後呈現血紅色生肉狀，肉的質地非常軟，如有筋膜則依舊為明顯白色
三分熟 Medium Rare	130-135°F	因為加熱的時間比一分熟略久，外表灰褐色的那層厚度稍有增加，切開後呈櫻桃紅的鮮豔色澤，肉汁仍多。如果是脂肪含量不高的牛排（菲力），可以是不錯的熟度選擇
五分熟 Medium	140-145°F	外表的灰褐色或淺灰色厚度又更往肉的內部延伸，由外而內呈現深褐色、淺灰色、粉紅色，以及中心區域小區塊的櫻桃紅色，如果是油花稍多的牛排（肋眼），是不錯的選擇
七分熟 Medium Well	150-155°F	由外而內灰褐色、灰色所占的厚度更多，僅保留中心區域，呈粉紅色澤，不敢吃帶血牛排的消費者可以嘗試。此熟度兼顧了不吃帶血牛排的消費者顧慮，但仍儘量維持住肉質的軟嫩
全熟 Well Done	160°F	外部灰褐色更趨明顯，內部則多為熟透的灰色色澤，吃來較不具水分，彈牙感也稍低

附表整理出不同熟度所帶有的特徵和大致的口感，讀者透過說明可以看出其間的差異。有了這樣的基本認識，才不會到了餐廳點了七分熟的牛排，廚師也認真地烤出了七分熟的牛排，吃了一口卻認為廚房把您的牛排烤得太生或太熟。雖然餐廳在得知消費者對熟度不滿意時，多半願意重新烤一塊較生的肉，或是把牛排端回廚房回烤成較熟的肉，但此時用餐的興致多少已經受到影響，賓客不妨試著記住味道，品味不同的熟度，找出自己最喜愛的熟度。

有趣的是，在台灣很多消費者拿不定主意的時候，總是採用中庸之道，捨去一分、三分及全熟這三個較為極端的熟度，然後在五分、七分之間猶豫不決時，又再次遵循了中庸之道，隨口說出了個六分熟或八分熟，其實這可不是太專業的要求，畢竟西式餐點還是跟著西式的做法和說法會來得比較恰當。我曾在國外旅行用餐時，聽見鄰桌同樣來自台灣的遊客結結巴巴地告訴服務員："six, seven, eight ...."，搞得服務員滿頭霧水，這大抵是在台灣時說要點六分熟、八分熟習慣了的人吧 !? 其實筆者建議在國外用餐時可以改口，向服務員如此表達："Medium Rare to Medium"、"Medium to Medium Well"、"Medium Well to Well Done" 等等。

最後，還是那句老話，自己喜歡最重要，大可不必人云亦云。故筆者比較有把握而可以告訴讀者的是，一塊牛排煎成全熟真的很可惜，但如果礙於自身用餐習慣、宗教信仰所限，或個人體質考量，而只能選擇全熟肉品，否則的話，一來建議讀者參考主廚們的推薦，二來建議讀者可以多試試不同部位的牛排，搭配不同的熟度，找到自己最喜愛的熟度；或是利用拍照、或靜心細細品味來記住自己的喜好，只要是自己喜歡的熟度，那就是最好吃的熟度了。

Unit 3-3

些｜許｜搭｜配｜更｜美｜味

現代人強調健康、原味、自然，品味牛排就是要感受他的鮮甜、汁味，以及感受綻放在口中、挑逗味蕾的口感，因而可不是那種淋上厚厚的醬汁的吃法，而是只需些許的搭配，提味、衝撞與附加，為主餐搭出口感佳與極富特色的味道、質感。

在享受牛排的同時，也有一些很值得推薦的配角是值得被推薦的。在這裡筆者談的不是前菜或點心，而是主餐的配料，饕客們一定在坊間品嚐過不少很具特色的提味配料，如淡淡的鹽、健康自然的醬料，與最讓賓客稱奇的蒜頭等等。

鹽 Salt

以目前最受歡迎的牛排搭配食材來說，最被津津樂道的莫過於利用些許的鹽來搭配主餐，提升牛排的整個口感，讓淡淡的鹽味帶出牛肉的甘甜。

一直以來鹽本身就是食材在烹調過程中不可或缺的調味品，也是我們人體所必需的物質。因為，各種營養素或礦物質都可以由很多不同食物蔬果、肉類、乳品、五穀雜糧或豆類中取得，但是人體中很重要的一個元素——電解質，則主要是依賴鹽分的攝取來取得。

現代人因為標榜以健康為取向，所以到了超市賣場，可以發現貨架上有各式各樣的鹽品，各有各的宣傳花招，或是標榜低鈉、低鹽、健康鹽，或是調味鹽，主要是因為現代人運動量少、食量卻不見得減少，再加上外食機會高，鹽分的攝取往往超過人體所需，而造成健康上的負擔。

至於低鈉鹽，筆者個人並不太鼓勵採用這種產品。雖然醫生常會建議有心血管疾病的患者應減少鹽分（鈉）的攝取，但是鹽本身的化學名稱是氯化鈉，氯離子帶負電，而納離子帶正電，兩個元素的平衡直接關係著人體的肌肉和神經的協調。以台鹽所生產的

健康低鈉鹽為例，其成分就含有氯化鉀、氯化鈉、檸檬酸鈣、乳酸鈣、磷酸三鈣、碘酸鉀等，採用以鉀離子代替鈉離子的比例作為健康低鈉鹽。但是，這也容易讓醫囑使用低鈉鹽的患者，認為低納安全反而不慎使用，攝取了過量的鉀，進而造成肢體抖動或心悸的情況。

基本上可以簡單將鹽分成海鹽和岩鹽兩種。顧名思義，海鹽取自大海，利用日曬的方式蒸發水分，藉以取出鹽的結晶體在經過加工處理後，讓鹽變得細緻、潔白。這種普通的海鹽便宜而實用，幾乎是家家廚房的必備調味品。

市面上一些高級西餐廳都會主動提供各式各樣的海鹽、岩鹽或調味鹽，讓消費者細細品嚐不同的好滋味，而這些鹽也不再是我們一般印象中的白色，消費者會看到有淡淡的粉紅色、甚至是相當富有個性的黑色、紅色、深綠色等，都是經過廠商巧妙的搭配了其他的辛香料或天然食材產生的豐富性，讓整體的口感更豐富也更有層次，同時在視覺上也讓人有不一樣的感受。

鹽之花 Fleur de sel

鹽之花可說是海鹽中最負盛名的極品，小小一罐100公克要價台幣300元以上，如附圖說明所言，就因為只在法國少數海域取得，物稀而貴，可說是一種由特定天然環境中、大地所賦予人們的一項美味鹽品。

海水水溫影響了海水的鹽度、水中的生態環境影響了海水的礦物質和風味，再搭配上適度的風力與日光，每50平方公尺的鹽田只能結晶出500公克的「鹽之花」。鹽的結晶體看起來猶如一個倒三角體，呈現中空的狀態，同時因為重量相當輕盈而且潔白，光是水的表面張力就足以撐起鹽之花的結晶體，是黃昏的時候透過陽光的反射，海面看來就

◀ 法國鹽之花（後排右一）：法國最負盛名的頂級海鹽，只在特定產地、時間出產。迷人之處在於鹽結晶成中空倒金字塔型，重量極輕可漂浮於鹽水表面而未與泥土接觸，顏色純白，重點是以傳統手工採收，而格外珍貴。其滋味鹹味溫和圓潤、尾韻回甘，散發些許紫羅蘭花氣息，令人著迷不已。

像鋪滿一層珠寶般的亮眼，也讓鹽農們得以手工採收，這戲劇性的畫面和手工採收的過程，都讓鹽之花更增添了珍貴的形象。而最經典產地莫過於法國布列塔尼的Guerande地區，所產的鹽之花鹹味圓潤輕柔、回甘悠長，散發著似有若無的紫羅蘭花氣息，令人著迷不已。

將鹽之花輕輕綴撒在烤好的牛排上，創造出的風味味覺可帶出牛肉原味的甘甜，讓饕客們久久無法忘懷……，筆者也建議讀者如果有機會用鹽品來搭配牛排，將鹽綴撒在牛排上會比直接用肉塊去沾鹽要好吃許多，用沾的附著在牛肉上的鹽巴不易掌握，通常沾拭的方式，往往會沾上過多的鹽味而喧賓奪主，讓入口後的牛排整體味道失去了平衡，會相當可惜！

岩鹽／玫瑰鹽

岩鹽的產生和海鹽截然不同，主要是內海或內陸的湖泊因為高溫乾旱，造成水分蒸發所留下來的鹽礦。別小看這看似簡單的流程，它有可能是經過了數以萬年、甚至億萬年的時間淬鍊。期間又經過了地殼變動，造成地表地形的變化，使得這些鹽礦或因此而下沉至地表下、或隆起成為山脈。

岩鹽的礦物質含量高且多元，人體吸收後對於體內的微量物質元素的補充有相當的幫助。因為岩鹽的礦物質豐富，嚐起來口感更是甘甜，也因礦物質豐富造成外觀顏色呈現出淺淺的淡橘色或粉紅色，無形中為賣像增添不少分數，因此而有「玫瑰鹽」封號。

岩鹽在中國的四川川中、山東大汶口、山西運城、青海查爾汗，甚至內蒙古的吉蘭泰都有著名的鹽湖出產岩鹽。玫瑰鹽是岩鹽的一種，因為它的結晶體內含有豐富的鐵離子，而呈現淡淡的淺橘色或粉紅色，因而得名；其中最具代表性的莫過於產自巴基斯坦

喜馬拉雅山脈，以及產自南美洲安地斯山脈的玫瑰鹽，是饕客的最愛。

喜馬拉雅山玫瑰鹽據推測是二億八千萬年前，因為印度板塊和大陸板塊劇烈推擠，造成地殼隆起，形成了喜馬拉雅山山脈，也因海水不斷因為曝曬致水中的鹽分濃度愈發提高，再加上不斷溶解了大量因地殼岩層擠壓碰撞所帶來的大量微量元素，在最終海水完全蒸發之後，產生了富含大量微量元素與礦物質的堅硬粉紅色鹽晶體。同樣的，由安地斯山脈位在南美洲北從加勒比海一路往南8,000多公里到智利，是地表上最長的山脈，經過三億年的自然風化淬鍊，生產富含高微量元素和礦物質的玫瑰鹽，色澤猶如紅寶石般光亮璀璨，被印加民族稱之為「神賜予的寶藏」。

岩鹽除了微量元素之外，其內含的礦物質多達八十種以上，如氫、鋰、鈹、硼、碳、氮、氧、氟化物、鈉、鎂、鋁、二氧化矽、磷、硫磺、溴等等。（如附表）

岩鹽的營養分析

項目（每百克）	岩鹽	健康美味鹽	複方調理鹽	味優減鈉鹽	安地斯礦鹽
鈉	38.4毫克	70%	92.5%	14%	3.4毫克
鈣	700毫克	乳酸鈣	乳酸鈣	乳酸鈣0.24%	700毫克
非血紅素鐵	3.3毫克	0	0	0	3.3毫克
血紅素鐵	3.4毫克	0	0	0	3.4毫克
鎂	208毫克	硫酸鎂	硫酸鎂	0	208毫克
鉀	646毫克	27%	--	21%	646毫克
氯化物	57.1公克	--	天然甘味劑	57.1公克	57.1公克

資料來源：取自達政食品有限公司官網，http://www.purefood.com.tw，檢索日期：2014年1月15日。

調味鹽

食品廠商為了讓消費者在享受美食的時候能夠讓食物有更多層次的風味，而設計出一系列富含多種辛香料的調味，以海鹽為基底加入了辛香料之後成為另一種主題口感的鹽味稱為「調味鹽」。以勞瑞斯餐廳為例，早在1930年代，因創辦人用心製作經典調味鹽，不斷受到用餐客人的鼓舞，進而成立了食品公司，並且生產了一系列的調味鹽。直至七十五年後的今日，勞瑞斯的調味產品（目前授權給世界知名食品公司McCormick製造販售）在歐美星馬，甚至是台灣一些知名超市，如台北101 Jason's Market、新光三越百貨等地的超市都能購得。其成功的秘訣就在於瓶罐中除了鹽之外，還調和了糖、辣椒粉、薑黃、洋蔥、大蒜等十七種辛香料，可說是調味鹽的創始者。

此外，市面上也有一些主題調味鹽相當受到歡迎，例如義式凱撒調味鹽就含有海鹽、大蒜、洋蔥、番茄、百里香、荷蘭芹等香料食材；法式香草調味鹽內含海鹽、甜羅勒、檸檬香茅、芥末子、茴香子、荳蔻子、薄荷葉……，而以胡椒為主題的五彩胡椒調味鹽則以玫瑰鹽為主體，再調和了黑、紅、綠、白四種補同顏色的胡椒粒一起研磨而成。有興趣的讀者不妨逛一趟超市選購，除了搭配牛排，披薩、義大利麵、三明治、海鮮等也都很適合一起調味搭配。

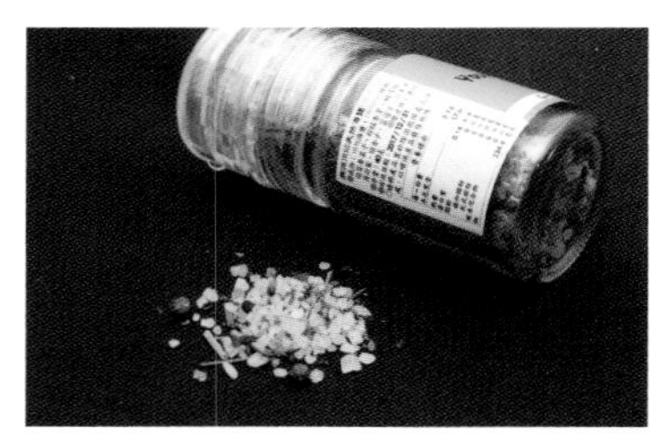

辣根醬

辣根是一種天然的根莖植物，又稱山蘿蔔、粉山葵等，有「白色芥末」之稱，具有刺激鼻竇的香辣味道，長期以來一直被視為是搭配肉品的好搭檔；源自於歐洲東南部及西亞洲。辣根適合在低溫、陰暗潮濕、鹼性泥質土地的地方生長，帶有很多枝葉。

辣根被證實具有抗發炎的醫療療效，舉凡氣管炎、口腔炎、感冒症狀、牙周病、貧血等都有療效，甚至能激化人體的免疫系統，是一種很實用的藥用植物。其嗆辣的辛味近似於芥末，被認為適合搭配牛排的重要原因，是因為它同時也兼具了清新味蕾、刺激食慾的效果。

取得新鮮的辣根之後，將外表搓洗乾淨，並切出表皮和損壞的地方即可用食物處理機研磨成泥，和牛排做搭配，至於比較無法接受其辛辣嗆味的消費者，可以試著調和鮮奶油和調味鹽來降低辣根醬的辛嗆口感，也是不錯的選擇。

目前市面上高檔的牛排館，多半會主動提供辣根醬供消費者搭配牛排享用。下次上餐廳吃牛排如果未見服務員主動提供辣根醬，可以主動詢問是否可以提供搭配，因為有些餐廳認為，台灣民眾認識辣根並且可以接受辣根的人不多，所以往往只準備少量以備不時之需。

法式芥末醬

說起西式芥末就不能不從法國東部古老城市迪戎（Dijon）說起。始自18世紀以來，這個城市就以製作芥末醬聞名，多年來的口碑聲譽早已讓迪戎市和芥末畫上了等號，也因此Dijon Mustard這兩個字就成了法式芥末醬的慣稱，也代表著正宗的法式芥末口味。而它有別於台灣人常吃的始自於日本料理的嗆辣芥末，法國芥末顯得略酸但口感溫和不嗆辣，採用的是褐色的芥菜子去製作成芥末醬，且常成為其他西式醬料的基底。最有名的店家是創始於1746年的Maille Dijon Mustard，是所有觀光客必到之地，因為，來到迪戎市卻沒來這家餐廳嚐上幾口不同的芥末醬，或順便買個幾瓶芥末醬當伴手禮，根本就不像到過這個城市。這個有著二百五十年歷史的老店至今依然人潮熱絡，除了加入白酒的經典法式芥末醬汁外，隨著時代潮流的變遷與消費者喜好多樣的口感，店家也製作出以干邑白蘭地為基底、以香草為基底的芥末醬，這些也都是不錯的選擇，現在也有很多美式餐廳裡所提供的沙拉，甚至會附上調和蜂蜜過後的蜂蜜芥末醬（Honey Mustard），都相當受到歡迎。

法式芥末籽醬

法式芥末籽醬和前述的法式芥末醬主要的差別在於保留了褐色芥末籽的原形，其他做法大致和法式芥末醬相同，都是加了水、醋、葡萄汁、白酒，發酵製成。在美國也有人稱法式芥末籽醬為Old Style Dijon Mustard。除了視覺上因為保留芥末籽的原形而更增添古樸原味之外，粒粒分明的口感也是一絕。

英式芥末醬

英式芥末醬和法式芥末醬的主要不同處，是英式芥末除了褐芥末之外，還加上了黃芥末一起製作，這使得英式芥末醬從外觀看起來呈現猶如美洲豹般的黃色（Leopard Yellow），口感上也因為加了黃芥末而顯得更酸嗆些；而法式芥末則呈現淺淺的褐黃色，口感上酸嗆程度不如英式芥末醬，顯得溫和許多。

烤蒜頭

蒜頭近年來因為其對於健康的益處而不斷地被廣泛的報導，不論在國內外都普遍受到大眾的喜愛，接受度也愈來愈高。老祖宗的《本草綱目》就有記載了大蒜可治療便毒諸瘡、產腸脫下、小兒驚風，而現代醫學則認為大蒜能提高免疫力，提高人體淋巴T細胞、巨噬細胞等免疫系統轉化的能力。

大蒜的營養價值極高，不僅含有蛋白質、碳水化合物、維生素B1、維生素B2、維生素C、菸鹼酸及鈣、磷、鐵、鋅、硒、銅、鎂等無機鹽，還含有大蒜素及鍺。美國康乃狄克大學醫學院研究人員更在《農業與食品化學雜誌》（*Journal of Agricultural and Food*

Chemistry）上，報告大蒜切片或搗碎後生吃有助於心臟健康；醫學上更被用來驅除腸內的寄生蟲。而最近甚至有科學家猜測蒜頭具有抗癌的能力，而正在努力尋求科學根據。目前在藥房或是保健食品的商店或型錄上就可以看到有愈來愈多的廠商推出以大蒜為原料所製成的各種保健產品，就可以知道蒜頭之於人的好處相當多。

再者，在國人傳統的飲食習慣裡，蒜頭本來就是相當受歡迎的食材，從燉煮蒜頭雞湯、吃香腸配蒜頭，乃至於在一般飲食中總會加入蔥薑蒜來做爆香，都在在顯示了，蒜頭在國人飲食習慣裡的重要地位。東方如此，西方亦然，而吃牛排配蒜頭更是一絕，例如國賓A Cut牛排館以法國進口名牌Staub鐵盤裝盛的牛排旁邊配的便是烤蒜頭（如圖），這個蒜頭烤得又香又軟，沒有辛辣嗆鼻味，多了香甜，入口後是迷人的鬆軟香氣。

將整朵蒜頭切去上方約三分之一，在切口上略灑點鹽後稍稍靜置，等切口略為出水後，就可以用300°F的溫度烤上個十五分鐘，讓蒜瓣呈現漂亮的金黃色後取出烤香，再淋上些許的橄欖油即可，此時蒜瓣的膠質和甜分都會因為失去水分而表現出來，享用牛排時配上這個蒜香十足的蒜瓣頗能帶出牛肉的肉香和鮮甜。

目前在國內要買到義大利的蒜頭機會較小，但是不妨可以找找阿根廷或越南的蒜頭，都是不錯的選擇。台灣本地產的蒜頭烤前辛辣感十足，如果直接剝皮取出生蒜瓣來搭配也不失為一個好選擇，但烤後反而比較無法保留蒜香味，就沒有如義大利、阿根廷或越南蒜頭來得適合。讀者們不妨多比較或自行嘗試不同的方式來搭配。

©國賓飯店A Cut Steakhouse

Unit 3-4

也｜有｜人｜喜｜歡｜這｜麼｜吃

©澳洲肉類畜牧協會 ◀ 黃品翔──菇醬腹內肉排與約克夏布丁

羅西尼牛排 Tournedos Rossini

首先，Tournedos這個字要說起來是個專用的烹飪術語，指的是厚度約0.75到1英吋厚度的菲力牛排，而且這塊圓柱形的菲力牛排半徑必須在2至2.5英寸之間。因為菲力牛排肉質精瘦少油花的特性，為了在烹飪後保持嫩口和多汁的口感，通常廚師會在牛排的外圈捲上培根這類較具脂肪的豬肉後再去進行煎烤，並且附上蘑菇或其他的醬汁一起搭配享用。

但是，羅西尼牛排（Tournedos Rossini）就不同了！

說起羅西尼牛排這道菜，就不得不先和讀者們聊上一段文藝史。1792年出生於義大利東部的歌劇大師羅西尼（Gioacchino Rossini），因幼年貧困被寄養在親戚家中，所受到的教育不多，由於天生一副好嗓子，為他在唱詩班爭得一席獨唱的地位，並和音樂結下不解之緣。同時，他又受到當歌劇演員的母親所影響而開始學習歌劇，二十五歲那

年，他所創作的《賽維爾的理髮師》在羅馬公演，因為形式流暢、口白詼諧，而成了義大利的歌劇代表作之一，並將自己推上了國際歌劇界名作曲家的崇高文藝地位。

1824年，羅西尼移居法國巴黎，幾年後因為遇上法國大革命，受到當時的時空氛圍所感染，寫下了歌劇《威廉泰爾》，並藉著這部歌劇內容呼籲義大利同胞一起擺脫外族欺壓的命運，明顯的演繹出民族自主的情懷。這部歌劇上演後將三十六歲的他推向了前所未有的事業高峰，也為自己帶來鉅額財富，但他卻在此時急流勇退，留給音樂界一個無法理解的震撼。

羅西尼的一生極富傳奇色彩，他極度重視奢華生活，住豪宅城堡、享美食醇酒，並且將他在音樂界的藝術天分發揮在他的生活飲食當中，全身的藝術細胞不甘於只表現在五線譜和歌劇廳上，更透過他創意的巧思將珍貴的食材入菜，這些菜餚在很多地方都可以看到羅西尼保留家鄉風味的影子，像是義大利燉飯（Rissoto）或是風乾番茄等，都充滿著義大利美食風味的元素，自成羅西尼派的夢幻食譜；其中最為人所熟知的是他將昂貴的松露、鴨肝和最柔嫩的菲力牛排組合成的這道菜。

這道羅西尼牛排堪稱一絕。他用鐵板將牛排表皮煎得香酥卻保留牛排中間的柔嫩口感，上面放上烙煎過的鴨肝，最後再放上用葡萄酒煮過的松露切片，吃起來豐腴又軟嫩。而這三項食材的香味，層次堆疊卻又互不侵犯，是美味、更是奢華，完全符合羅西尼的個人風格，也因此被以羅西尼的名字命名稱為Tournedos Rossini，從19世紀一直到今天，依舊受到眾多美食饕客的喜愛。

晚年時，羅西尼與董尼采第（Donizetti）和貝里尼（Bellini）被並稱為19世紀前半葉的義大利歌劇三傑，最後於1868年辭世。一個半世紀以來，他的歌劇作品依舊被傳唱，而他首創的美食也同樣在各大餐廳裡等著讓客人享用，可說是經典、更是傳奇！

威靈頓牛排 Beef Wellington

要講威靈頓牛排，就不得不回顧一下19世紀初歐洲著名的戰爭史——滑鐵盧戰役。

1804年，拿破崙在他年僅三十六歲時，因為對國內的暴動作了成功有效的鎮暴，並且帶領軍需匱乏的軍隊打敗義大利、奧地利等國，又帶回大批珠寶賠款，為財政困窘的法國帶來天降甘霖的滋味，也讓反法的英國簽下和平協議。

1769年出生的拿破崙，除了因爭討各國戰功彪炳之外，對於國內，拿破崙有效管理內政讓自己在混亂的後革命時代博得人民的信任，並擁戴他成為法蘭西帝國皇帝。他重

整國內財政發行新制鈔票抑制通膨，在教育制度上也有了積極的變革，在文藝保存上更將舊日王宮「羅浮宮」改為藝術殿堂，將國外征戰帶回，以及將國內稀世藝品全都善加保存管理。如此一位軍事強人將法國帶往強盛，昔日舊敵英、俄、奧、普魯士（即後來的德國）等國組成聯盟反法，拿破崙於1815年親自整軍討伐。此時，威靈頓公爵和布呂歇爾指揮的英普聯軍集結在法國東北邊境準備進攻法國，拿破崙卻趁反法同盟的軍隊尚未完成作戰準備就先發制人，率領十二萬法軍主力在里尼之戰擊敗普軍之後，指派下屬格魯希元帥帶領三萬精銳追擊逃跑的普軍，自己則趕到比利時布魯塞爾東南方的滑鐵盧村，與威靈頓公爵率領的英軍正面交鋒。

可是同一時間格魯希卻未能成功追擊殲滅落荒而逃的普軍，甚至追丟了！普軍在擺脫法軍的追擊後，立刻回頭奔赴滑鐵盧支援威靈頓將軍。正當拿破崙認為他已經大敗威靈頓將軍時，普軍及時趕到支援威靈頓將軍，讓拿破崙功虧一簣，在滑鐵盧滑了一大跤。滑鐵盧戰役戰敗後，拿破崙被放逐到大西洋中的聖赫勒拿島，遠離歐洲大陸。之後，拿破崙在1821年5月5日辭世（六年後），享年五十二歲。

威靈頓將軍因為勝了這場戰役聲名大噪，他平時嗜吃牛肉和各式美食，尤其對於松露、各式菌菇類的食物香味難以抵擋。在慶功宴時，廚師特別發想了這道以他喜歡的食材製作成的料理，呈現給威靈頓將軍，之後這道菜也就以威靈頓的名字命名為「威靈頓牛排」，一直流傳到現在。

只是，現今的威靈頓牛排多已將松露這項珍貴食材改用菇類來取代，讓整道菜得以更平民化，製作過程也不至於太過繁瑣，主要是以酥皮、帕馬火腿還有絞碎的蘑菇共三層，將煎過上色的菲力牛排塗上英式芥末醬後包裹在一起，並且在酥皮外表塗上蛋液，再略灑上調味辛香料，送進350°F烤箱烤個三十分鐘左右，外表酥皮香氣誘人，並且呈現金黃色的色澤，一刀切開菲力牛排約成五分熟，一口咬下酥皮的撲鼻奶香、蘑菇的蕈香都因為受熱而更彰顯，接著軟嫩多汁的菲力牛排更是令人叫絕，特別是在聽完拿破崙一世與威靈頓的傳奇戰役後，對食家來說相信能讓口中的牛排更具典故、也更具傳奇性！

戰斧牛排 Tomahawk Steak

談完了19世紀的歐洲，接下來談談美國大西部牛仔曠野味十足的戰斧牛排吧！

戰斧牛排這個名字，是取自這塊牛排的造型和印地安人所使用的斧頭形似而有的暱稱。如果要用比較正式的說法，戰斧牛排可以稱為「帶骨肋眼厚切牛排」。這根骨頭就是牛的肋骨，取自第六至第十二根的肋眼牛排，並且連同長達30公分的肋骨頭一起取下，一整頭牛左右兩側肋骨加起來也不過只有十四份戰斧牛排。

因為要帶骨，戰斧牛排的基本厚度絕對不能少。通常一塊戰斧牛排少說得有6公分厚，整塊牛排少則40盎司，連骨帶肉重達1.5公斤，再加上肋眼牛排面積本來就不小，從上到下可以達到20公分以上，左右寬度也有15公分之譜，幾乎比一個女生的臉還大，是個十足陽剛味的牛排。

戰斧牛排在烹調時，廚師會透過高溫的上火炙烤或下火炭烤的方式，讓牛排表面烙上烤印並鎖住肉之後，再放進烤箱爐烤，才能完成這塊超厚牛排的烹飪工作。因為帶骨更增添高溫所帶出的焦香，但卻依然保留了油花豐富的肋眼牛排所該有的多汁美味，而骨邊肉除了焦香還帶有嚼勁，更是內行人不會錯過的另外一種好滋味。

戰斧牛排因為份量大，通常被餐廳設計為兩人份甚至四人份的套餐主菜，為了彰顯整個戰斧牛排的氣勢，甚至會安排由大廚頂著高帽穿著雪白廚師服親自端上桌，讓整個出菜橋段替戰斧牛排加分不少。男生如果不拘小節，直接用手握著骨頭端整根拿起來啃，想必能吸引整個餐廳其他客人的眼光吧！

PART Three

上哪吃牛排

頂級的滋味，高檔的牛排，

是氣氛的領受也是味蕾的挑戰，都在這裡……

提到上哪吃牛排，

就不得不介紹牛排專業餐廳了，

讀者一定很想知道能讓人吮指回味牛排餐到底該到哪些餐廳去享用，

因限於篇幅，編輯也只給我這麼點頁數，也就只能介紹這麼七間，

是筆者有去吃過，覺得很讚或值得選擇的餐廳，這是必須在這裡特別加以說明的，

可不是獨厚哪家餐廳哦！

國賓　A CUT STEAKHOUSE

以時尚概念拉進人與人之間溫暖距離的A CUT，

為讀者訴說消費者熟稔的A CUT故事：

飲食的講究是一種學問，是一種質感傾訴，

CUT的角度是品味、也是最好，

更是自然與營養……

A CUT STEAKHOUSE

台北國賓及新竹國賓相繼於2011年獲得中華民國觀光旅館最高評等「五星級觀光飯店」之榮譽，成為首家全數獲得五星級評鑑之連鎖品牌飯店，旗下的餐飲品牌不少。擁用Bistro Style食尚概念與Hearty & Sharing飲食設計的A CUT STEAKHOUSE於2007年11月9日正式開幕。

A CUT STEAKHOUSE的"A"意指最好、A級之意，"A CUT"是取自於牛排料理中最上乘的牛肉部位的意涵，也象徵著國賓為顧客帶來最頂級牛排與美酒饗宴的理念。A Cut牛排館目前於台北國賓大飯店及新竹國賓大飯店，以嶄新的飲食風尚驚豔餐飲界。

以「Cut」的角度 享受最佳的牛排品味

A CUT STEAKHOUSE獨家引進美國加州BRANDT自然牛，位於加州Brawley地區，擁有完整的供應鏈追蹤，讓其牛肉從出生、飼養、銷售每個步驟都有完整的RFID標籤和條碼追蹤系統，三百六十五天以純玉米飼養，而且強調不施打類固醇、抗生素、賀爾蒙等非自然添加物，其自然牛肉品質佳，在舒適的空間中自然成長，對喜愛牛肉的饕客來說，可以享用自然「美」味是很重要的。

Cut是一種學問，是品味牛排的重要關鍵。牛排的口感不僅來自牛肉本身的質地，牛排的厚度與部位的選擇，還有溫度掌握，更是影響牛排口感的重要因素。為掌握牛排的口感，A CUT特別選用法製的"Staub"專用鑄燒鐵盤（Cast Iron），以70度的溫度將牛排保溫上桌，讓牛肉保有該有的風味。A CUT對飲食的講究不只如此，就連餐桌上的餐具也為消費者細心打點，特別訂製法國知名品牌"Laguide"牛排刀，保有溫感的牛排在利刃精緻的質地切割下，保有每一塊牛排豐潤多汁的口感；此外尚提供四種調味鹽（如右圖），讓消費者選用喜好的口味搭配。

Bistro Style食尚概念
讓每一道都是主角

牛排館的主角可不只有牛排，主廚推薦的菜色道道都是首選之作，每一道菜都很精彩，因為消費者吃的不只是食物更是「藝術」，其專業的葡萄酒服務更是A CUT的一大特色。

A CUT主訴以歐洲Bistro Style風味小吃的飲食概念，增加食物的親切性，讓品嚐者的五感六覺與食物之間形成最直接的對話，如前菜六選一等，道道精彩。最廣為消費者推薦的是煙燻鮭魚，它出乎意料地好吃，是愛吃魚的朋友們難以忘記的味道，四四方方的模樣，按照它的紋路切來吃，中間夾著鯷魚蒔蘿奶油，每一口都感到超滿足的，搭配旁邊兩小陀蟹肉沙拉一起吃，相當美味；又如香煎鴨肝佐以大溪地香草夾與台灣香甜鳳梨、丁香等製成香氣馥郁的香草豆莢燉鳳梨，與清爽沁心的檸檬果露，三者於味蕾中交融出完美和韻，誘人開胃；或水耕萵苣沙拉，A CUT選用台灣水耕蔬菜芝麻葉、波士頓奶油萵苣、飛羚萵苣、水果甜椒等，搭配清爽檸檬百里香油醋，香酸甘美、口感多元的沙拉，可盡嚐台灣農業之美；節瓜濃湯則是以十多種熬成清爽鮮濃的蔬菜雞湯，並選用水芹菜取代九層塔，調配出清新爽美的水芹菜青醬妝點於上。

主菜有「美國極黑和牛後腰上蓋肉」、「美國匹茲堡式乾式熟成二十一日紐約客牛排」、「美國穀飼四百日紐約客牛排」，其中最廣為消費者喜好與推薦的是「美國頂級BRANDT玉米飼養乾式熟成三十日肋眼牛排」。70度保溫上桌的專用鑄燒鐵盤裡除了讓人食指大動的牛排外，旁邊那塊可是慢烤大蒜哦！

A CUT選用的美牛是全程以天然穀物及自然人道方式飼養而成，讓牛隻在充分的自由空間自然成長，使得這道BRANDT自然穀飼乾式熟成肋眼牛排油脂濃郁香醇，三分熟的金黃色外表有著鮮嫩粉紅的內裡，肉質纖細容易咀嚼，嘴裡品嚐著自然散發的油脂，整塊牛排就像包覆在天然的調味料裡，套句消費者說的就是「好吃到爆表」。

●●●● "Wine Pairing"專業品酒服務 精緻飲食再升級

專業的葡萄酒服務是A CUT的一大特色，一走進餐廳大門，映入眼簾的是豐富多樣的酒藏與展示，乍看之下就像是置身酒窖之中，門口驚人的藏酒會讓一入門的消費者咋舌。A CUT的紅白酒種類多達五百多款，約五千支的酒藏，除涵蓋法國波爾多區五大酒廠名酒，亦有三款極具代表性的鎮店之寶，包括美國頂級膜拜酒Screaming Eagle、法國葡萄酒王Château Petrus 以及被行家視為世界紅酒之冠的La Romanée-Conti（DRC）；此外，A CUT STEAKHOUSE也提供較為少見的375毫升小瓶裝酒，以及多達二十支由侍酒師聶汎勳特別精選的House Wine。當然，令人驚艷的不只是二十支House Wine多種選擇，屬於Grand Gru級的Lynch Bages，也可以在House Wine酒單中品嚐到。

專業的品酒服務，從酒杯即開始講究，嚴選名牌Riedel，並且針對不同酒款提供不同形狀的專業酒杯，例如柏根地杯、波爾多杯等等，透過杯身形狀的引導，讓酒的香度、味道、餘韻有最適當的風味呈現。如果想嚐嚐搭配食物的酒搭選擇，A CUT可是有專業的品酒師，依據菜色給予適合佐餐的紅白酒提供搭配服務哦！

國賓大飯店 AMBASSADOR

A CUT STEAKHOUSE

Open Daily：11: 30-15: 00　18: 00-22: 30

ADD：台北國賓大飯店／台北市中山北路二段63號　TEL：02-2571-0389

ADD：新竹國賓大飯店／新竹市中華路二段188號9F

2001
2001

牛仔部落牛排館
COWBOY TRIBAL STEAKHOUSE

一場視覺味覺雙饗宴，是牛仔部落提供給消費者的選擇，

給予異國風情，品味厚切滋味是COWBOY的故事……

COWBOY TRIBAL STEAKHOUSE

台灣的牛排市場很多元，從講究服務、氣氛與品味的千元以上的牛排，到以量制價吃到飽的牛排，乃至於百元即可品嚐的牛排等，都是消費者的選項。牛仔部落火烤厚切牛排是近幾年新興的牛排業者，主打平價大塊、火烤厚切的超值牛排，在2009年於新莊成立第一家專賣店。

牛仔部落牛排館是平價牛排的新選擇，這也是筆者選擇介紹的主因。目前牛仔部落累積了不少人氣，至今在台北市及新北市已有十多家分店，光臨過的消費者多數會發現店內刻意營造出比較粗曠的風格，以符合牛仔風用來配合店名的形象風格。

以份量取勝 大口吃飽飽的牛排

因為堅持品質，老闆從一開始就選擇用好的牛肉來做平價牛排，由於台灣最常用的淹漬牛肉法會因為天候條件的不同，使得肉品合格率並不理想，因而利用當年在澳洲留學時，自農場主人處所習得的如何烹調軟嫩牛排的技術與經驗帶回國，使厚切牛排不會因為厚而喪失牛排的軟嫩可口，掌握肉質嫩厚多汁、油花入口即化的品質，讓客人每次到店品嚐的牛肉，都能維持穩定的牛肉品質。

B.B.

厚切
視覺味覺雙饗宴

牛仔部落主打火烤厚切牛排是為了與市場進行區隔，也企圖改變消費者對牛排的刻板印象，經營團隊針對產品研發創新，不斷的研發試吃，直到測出牛排的最佳口感，保留牛肉鮮嫩多汁的特色，以大塊、厚切、超值的牛排推出，在材料的挑選上採用紐澳的草飼牛，主打商品有小黑牛（上肩）沙朗牛排、牛小排、菲力牛排，讓濃郁的牛肉原味一入口，油花即化入愛吃牛的客人口中，讓消費者享用到最美味的牛排。

一如連鎖的平價牛排店一樣，牛仔部落的用餐方式是點主餐後，沙拉吧、麵包、湯品、飲料、冰淇淋等都採無限享用方式，而主餐是雙主餐，如牛排搭配豬排、雞排或豬腳等，打的是雙饗宴，讓消費者自由搭配享用。

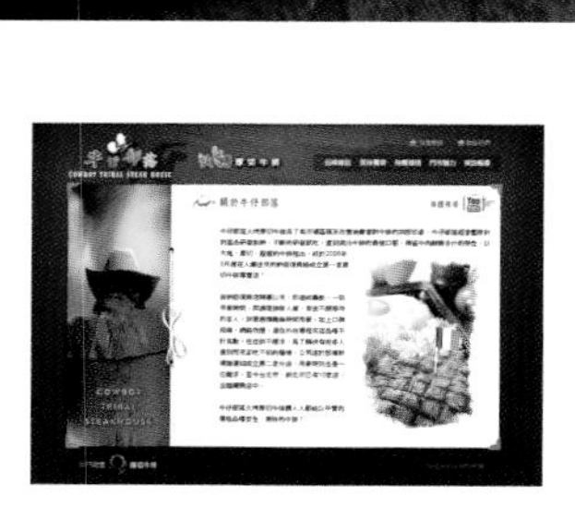

牛仔部落牛排館

COWBOY TRIBAL STEAKHOUSE

Open Daily：11:30-22:00

WEB：www.cowboytribal.com.tw/company.php

快樂小館牛排西餐
HAPPY CORNER STEAK HOUSE

1975年創立至今，快樂的口味經得起考驗，

每一道料理，充滿堅持、專注的用心，

快樂，就從這裡開始……

藏身在台南德安百貨內的「快樂小館」牛排西餐，對於老台南人可說是一點都不陌生，這家原本位於台南機場旁，經營三十多年的老字號西餐廳，原是由原美軍俱樂部廚師所料理的美式排餐、點心，也是許多台南人的共同回憶。現任店長兼主廚張智琪表示：早期吃牛排多是「好野人」，小康家庭非得金榜題名、升官祝壽等重大喜慶才有機會品嚐。現在的牛排，一般普羅大眾、年輕人都吃得起，快樂小館的菜單跟著時代做了不少改變，堅持不變的是提供扎實的牛排料理，與塑造出愉悅的用餐氛圍。

只選三「低」紐西蘭天然放牧草飼牛

什麼是「扎實的牛排料理」？就是吃得安全、安心，既好吃，價格也實在的牛排，這是「快樂小館」所主張與特別強調的。

快樂小館近兩年來只選用紐西蘭天然放牧草飼牛，其低脂、低熱量、低膽固醇的三「低」特色，含脂量只有穀飼牛的三分之一，透過適當的手法，更可表現出其緊緻Q嫩的口感嚼勁。以店裡的平價暢銷商品「快樂大牛排」為例，取自牛肋脊肋眼（Rib Eye）部位，五分烤熟後油嫩豐腴的肉纖維中，帶著Q彈的油筋，初嚐者多讚不絕口，且多一試而成老主顧。

好吃的牛排就是要簡單吃

張店長特別建議消費者，品嚐「快樂大牛排」建議先享用原味，吃出牛肉的鮮美，再搭配隨盤的香烤大蒜與四種天然海岩鹽來提味，即能品嚐出肉質的Q嫩多汁，且有咬勁的豐富層次。至於有些消費者習慣吱吱作響的台式鐵板牛排，張店長也會耐心的解釋，正統的高級西餐廳都是用磁盤盛裝，刀切時肉汁就容易流出來，反而能真正品嚐到肉汁的鮮甜，而不會讓口感顯得乾而無味，或只能嚐到濃濃的醬汁味。

▼ 快樂小館四大提味鹽：法國葛宏德區海鹽（即法國鹽之花）、喜馬拉雅山玫瑰（岩）鹽、夏威夷紅鹽、夏威夷黑鹽。

生日快樂PARTY 快樂全包了

快樂小館除了明星商品「快樂大牛排」外，另備有主廚推薦套餐，全套包括湯品、麵包、沙拉、甜點、飲料，除了牛排外，也提供了紐西蘭羊排與豬、雞、魚排、海鮮等多達九種選擇，價位從500多元到1000出頭，非常的實惠。值得一提的是快樂小館提供的平日包場服務，推廣期間只要2萬元起，除了全額可抵餐費，也備有KTV歡唱設備，不論是家庭慶生、學生迎新送舊、公司團體聚餐或求婚聯誼都非常適合。

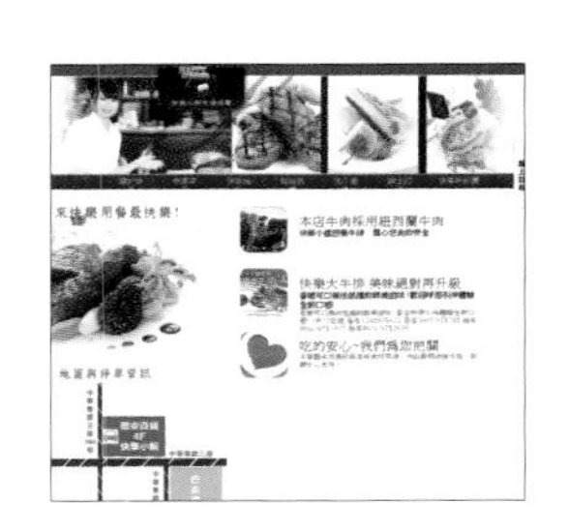

快樂小館牛排西餐

HAPPY CORNER STEAK HOUSE

Open Daily：11: 30-14: 00　17: 30-21: 30

ADD：台南市中華東路三段360號（德安百貨4樓）

TEL：06-600-8500

WEB：www.happy-corner.com.tw/

FACEBOOK：www.happy-corner.com.tw/fb

勞瑞斯牛肋排餐廳
LAWRY'S THE PRIME RIB TAIPEI

Celebrating Special Occasions Since 1983

用冰旋翡翠沙拉為晚餐拉開序幕，

五星級評價的頂級牛肋排餐，是勞瑞斯的開場，

一身潔白、搭配紅色絲絨繫著閃耀金牌的專業師傅，

領著價值百萬的銀色餐車至桌邊服務，是勞瑞斯的排場，

也是LAWRY'S 七十多年來的成功元素……

LAWRY'S THE PRIME RIB TAIPEI

在台北，能夠在一家溫馨的餐館吃到道地風味的烘烤牛肋排料理的地方幾乎沒有，對許多饕客來說，享受那撲鼻而來的濃郁原味肉汁所逸散出的香味熱氣，是種說不出的幸福！2002年夏天，勞瑞斯餐廳來到台北，開了一家蘊藏濃郁英式風味的頂級烘烤牛肋排餐廳，相信應該圓了不少人的美食夢。

這間有著牛排界皇者之稱的跨國牛排連鎖餐廳，對許多曾經在英國居住過的人們來說，濃郁的英式風味的「頂級烘烤牛肋排」、「約克夏布丁餅」，是戀戀不忘的美味回憶。一如網友所評價，這間充滿貴族宮廷式氣氛的牛肋排餐廳，還未進到主菜，一場由穿著傳統英式侍女服裝的「冰旋翡翠沙拉」秀就足以讓人驚豔，有著七十多年歷史的勞瑞斯餐廳，挾著極具風格的形象品牌，成了饕客讚不絕口的口碑。

冰旋翡翠沙拉
頂級饗宴的第一波高潮

出菜秀這「桌邊服務」一直是勞瑞斯的強項與特色。消費者走進勞瑞斯，盡入眼簾的是古典精緻的維多利亞式裝潢；當然，也會有穿著英式家僕裝扮的服務人員，微笑地迎接顧客的到來，並親切的介紹著菜單與桌邊服務的流程，舒適自在是勞瑞斯所要傳遞的訊息。

接著這著名的「冰旋翡翠沙拉秀」會由身著傳統英式家僕裝扮的侍女，揭開這場頂級饗宴的第一波高潮。專屬的桌邊服務人員推著沙拉車至桌邊，沙拉缽底下盛放著碎冰，保持沙拉的冰度，也維持它的青脆度。不同於其他西餐在餐前提供濃湯，勞瑞斯所提供的冰旋翡翠沙拉，除了希望客人能有絕妙的視覺享受之外，也能在用完沙拉後依然保持味覺的敏銳度，進而能真正品嚐到頂級牛肋排最原始的美味。

服務人員輕轉著沙拉缽，優雅的墊起腳來並舉起手將勞瑞斯獨家的葡萄酒沙拉醬淋至旋轉的沙拉缽裡，巧妙的將青脆的沙拉與酸甜的沙拉醬均勻的融合在一起。緊接著會以精緻的銀盤呈上沙拉專用的冰叉，讓消費者品嚐到從製作到呈盤一樣冰度的冰旋翡翠沙拉，每一口，都是鮮脆獨特的好滋味。

勞瑞斯的堅持
嚴選食材、選擇最佳的烹調方式

嚴選食材是成就美食的第一關鍵！慢火烘烤的牛肋排，更是符合現代健康飲食概念，同時也是主廚對極品食材保留原味的最佳烹調方式。在談到主打食材牛肋排之前，不能不提到勞瑞斯獨有的銀色手工打造餐車（Art Deco Silver Cart），因為只要一提到勞瑞斯餐廳，隨即就會讓人聯想到這台餐車。餐車上同時置放有餐盤、調味肉汁、馬鈴薯泥及三種勞瑞斯經典配菜，當然車內還有令人食指大動的頂級牛肋排。

這兩台內部裝設有電器加熱設備的餐車，在餐廳裡為客人提供屬於勞瑞斯獨有的桌邊服務，自勞瑞斯成立七十五年以來，銀色餐車早已經和頂級美味的牛肋排一起被饕客們所聯想，也成了代名詞。筆者介紹起自家餐廳雖不免偏愛，但還是不得不重申，嚴選食材是勞瑞斯最大的堅持，選自有美國農業部的認可背書、產量極其有限，約只占美國牛肉品市場2％的頂級牛肋排（Prime Rib），再經過長達二十八天的熟成（Aging），讓肉質呈現最鮮嫩的口感，是勞瑞斯多年來不曾改變的堅持，那就是「成就美食與健康」。

健康的堅持是：將牛肋排放在鋪上海鹽的烤盤，送進華氏250度的烘烤箱中低溫烘烤，讓牛肋排受熱均勻，並且將肉汁確實保留在其中。這樣的手續除了兼顧美味之外，也省卻了坊間慣用的碳烤方式（Grilled）所帶來對健康危害的疑慮。美食的呈現是：肉質纖細多汁、油花適中，全都完全被毫不保留的表現在肋排的橫切面上。熱騰騰的蒸氣帶出原味肉汁的香氣令人食指大動，這就是美食的真諦，也是採用「烘烤」作為烹調方式的最動人之處。

牛隻背脊骨部分主要可分為幾個區塊，例如肩胛部Chuck（牛隻的第一至五根肋骨）、前肋脊部Rib（第六至十二根肋骨），和前腰脊部Short Loin（第十三至十八根肋骨）。一般坊間餐飲同業使用的多為肩胛部位的板腱牛排，或前腰脊部的菲力牛排、紐約客牛排等，肉質多半較具韌性口感且油花較少，適合燒烤或偏重調味。

勞瑞斯餐廳精選的牛肋排則取自前肋脊部位，處於中間位置，不論是油花分布、肉質鮮嫩度都恰到好處。厚厚的一塊，光肋眼部位的橫切面，其直徑就約有10至12公分，相較於一般菲力牛排約6至8公分的直徑，足足大了許多，賣相是「十足的男人牛排」，吃在口裡是略帶軟嫩。用於烘烤，對於保留肉汁及維持肉質鮮嫩的效果更是最佳的選擇。

T2

牛排口蒐錄
喫牛

勞瑞斯牛肋排餐廳

LAWRY'S THE PRIME RIB TAIPEI

Open Daily：11:30-14:30　17:30-22:00

ADD：台北市信義區松仁路105號B1樓　TEL：02-2729-8555

WEB：www.lawrys.com.tw/index.php/web/about/

FACEBOOK：www.facebook.com/LawrysTaiwan

雅室牛排館
CONTINENTAL STYLE STEAK HOUSE

溫馨典雅，歡笑滿室，展開簡約、輕鬆的饗宴，

創造屬於自己的雅室食尚，用愛完成百年餐廳的夢想，

給予“Love”，參與、分享顧客生命中的美好記憶，這就是「雅室」！

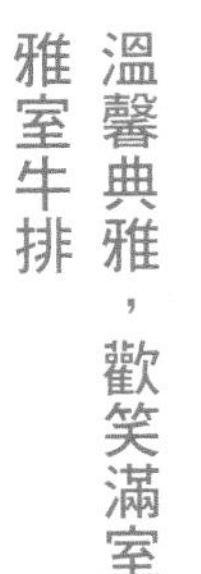

溫馨典雅，歡笑滿室
雅室牛排

雅室牛排館，是一家在台北東區默默經營了二十年的獨立型餐廳，他的外觀不走氣派奢華路線，餐廳外牆滿佈細心種植的花草，當微風輕拂，花草們搖曳的姿態，彷彿在向疾行而過的人們，溫柔的打聲招呼。低調的特性更吸引了許多政商名流在此用餐，也成為附近不少金融機構及公司行號洽談公事、開會聚餐的優質首選。

食物樸實原味的追求
經典的熟成奧秘

雅室特選美國CAB等級牛肉，利用牛肉肉質本身的蛋白質自然分解酵素，並運用專業的牛肉管理機制，在絕對的溫度、濕度及時間控制下，牛肉會自體按摩，經過一段時間後，呈現出類似熟成的鳳梨、香蕉及芒果的芳香，甜美及柔軟的特性，因此雅室烘烤的牛排尤其具有酥、香、脆等特殊風味。

極致美味的牛排就是要厚切

雅室特選的美牛因為經過獨門三層爐烤手法，呈現出外表酥脆、內裡軟嫩的極致口感，豪邁不拘的美式風味，特別適合愛吃肉的饕客，滿足挑剔的味蕾。

例如老饕牛排是以高級美國肋眼（Ribeye）的上蓋肉做成。上蓋肉為肋眼牛排的精華部位，相當稀少珍貴，其大理石油脂花紋分布均勻，用高溫爐烤過後，咀嚼起來口感滑嫩、肉汁滿溢，留在嘴裡的味道更是滿香甘甜。

又如富有嚼勁的紐約客牛排，肉質纖維較扎實，微微帶有嫩筋，大理石油花（Marbling）分佈均勻，是標準的嫩中帶腴，香甜多汁，嚼起來滿口肉感，讓食客第一口就驚艷於極致鮮甜的牛肉，是老美的最愛，最適合個性豪邁不拘的男性朋友食用；此外，這富含嚼勁的口感搭配紅酒更是一絕！

嚴選經典的牛排
就是想嚐熟成牛

牛肉熟成（Beef Aging）是提升牛肉嫩度（Tenderness）風味（Flavor）、含汁性（Juicy）的連續性過程。而經過熟成的美國菲力，軟嫩細緻的肉質透過特殊的煎烤方式，呈現出經典不朽的迷人風味，偏少的油脂含量剛好滿足女士們挑剔的味蕾；又如爐烤美國頂級熟成黑牛肋眼牛排，特別選用美國安格斯CAB等級的冷藏牛肉，其肉質豐富的油花為肉中極品，讓消費者可以享受雙重肉質的口感，再搭配上雅室特別準備的黑胡椒海鹽、辣根醬或是芥茉子醬等，增添牛排餐風味，是初次體驗美國牛排的饕客首選！

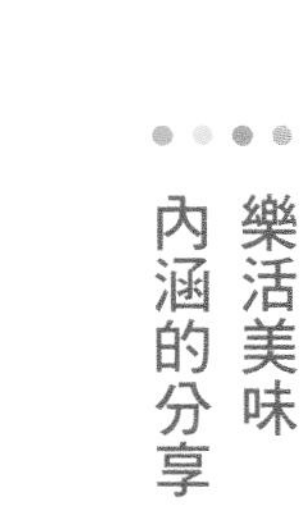

樂活美味 內涵的分享

幸福就是要慢慢享受，也是雅室牛排館堅持的慢活、樂活，用餐不單單只是吃東西而已，而是咀嚼、享受、品嚐、玩味……藍色的海洋孕育出海鮮的肥嫩鮮甜，雅室嚴選最天然的食材，細心精粹出食物本身的極致風味，有著對食材原味的堅持以及深蘊其中的慢食精神，除了牛排外尚有加拿大進口的野生鮮活大龍蝦，同樣是雅室的熱門料理，食家可細細品嚐，享受這幸福的滋味。

雅室牛排館 · CONTINENTAL STYLE STEAK HOUSE

Open Daily：08:00-10:30　11:30-14:30　17:30-22:00

ADD：台北市大安區安和路一段49巷10號1F（鄰近富邦銀行總部）

TEL：02-2775-3011

WEB：www.steakinn.com.tw

BLOG：steakinn.pixnet.net/blog

FACEBOOK：雅室牛排達人

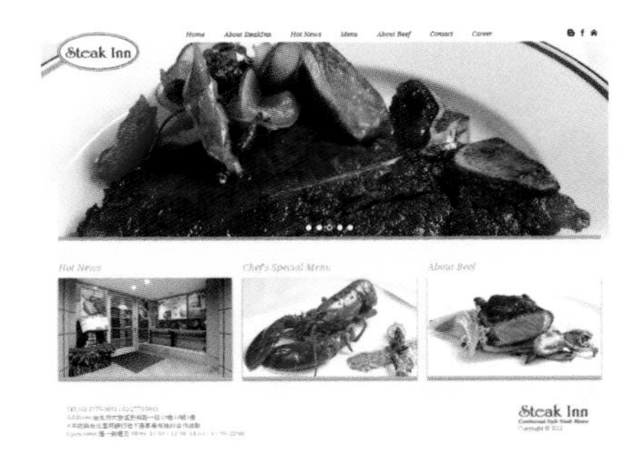

映　景觀餐廳—裕元花園酒店
WINDSOR HOTEL TAICHUNG

優雅的空間透過整面落地玻璃，

映入眼簾是「映　景觀餐廳」的戶外美景，

四季變換交織出了一幕幕如畫般的映　景觀，

是為頂級饕客量身訂作的佳餚美氛，

頂級優質的用餐體驗請從這裡開始……

WIN WESTERN RESTAURANT

日享通透的溫暖天光 夜擁月影的庭園景緻

「映　景觀餐廳」（Win Western Restaurant）是裕元花園酒店的自創品牌，以供應頂級牛排與義法料理為主。主廚擅長各式頂級牛排、乾式熟成牛排以及義法精緻料理，餐廳內的紅酒櫃更是精選了各國佐餐酒款，讓賓客們置身於優雅的空間內享受美食、啜飲美酒，絕對是一場味覺與感官的華麗享受！

餐廳內挑高的舒適空間，特別設計的景觀享受將視野延伸至戶外花木扶疏的空中花園，穿透玻璃欣賞光影與月影交錯的夜空，隨著四季交替與日夜變化的景緻讓用餐氛圍充滿獨特感。

Win的名字是取自Windsor的發音。英文字義Win即「贏」的正面意涵，代表為勝利與歡樂時刻喝采的美饌佳餚；中文字義「映」意為「因光線照射而顯影」，呼應餐廳內挑高的用餐空間，大面玻璃讓戶外的美麗景色映射入眼底，就如放映如畫般的優美景緻。

裕元

最頂級的正宗乾式熟成牛排

映景觀餐廳最有特色、最受老饕青睞的料理，莫過於「乾式熟成牛排」，是專門為頂級饕客量身訂作的佳餚美饌，各式頂級牛排（乾、溼式熟成牛排、低溫核桃木爐烤牛排），伴隨著浪漫又恣意隨性的義法料理，精選各國佐餐酒款與創意又時尚的調酒，提供給賓客兼具視覺美感與原味覺醒的全新感受。

主廚採用美國極佳級（USDA Prime）的牛肉，在自製的低溫熟成室內，每日監控最佳的溫度與濕度，約需二十一至二十八天，使牛肉本身的天然酵素進行熟成作用，將牛肉的精華完全保留在牛肉裡，增添牛肉的含汁性、嫩度與風味。而牛肉經過乾式熟成後，表皮層因風乾脫水而變硬，所以必須經過清修之後才能烹調，清修後的牛肉僅剩下原有的七成左右，如此講究的熟成過程正是乾式熟成牛排的珍貴所在。

乾式熟成牛排加上主廚俐落的刀法與專業的爐烤技術後，就成了餐桌上令人垂涎三尺的頂級牛排，肉質內層呈現粉紅色澤，入口後外層香脆、內嫩鮮甜多汁的扎實口感，讓人回味無窮。主廚每日限量推出多款不同部位的乾式熟成牛排，如乾式熟成上蓋肉（老饕牛排）、乾式熟成帶骨肋眼、乾式熟成去骨肋眼、乾式熟成帶骨紐約客、乾式熟成丁骨牛排等，讓老饕們擁有不同的選擇，喜愛品嚐牛排的老饕絕對不可錯過！遠近馳名的夢幻級美味更被曾經下榻裕元花園酒店的「MLB美國職棒大聯盟球星」指定為必嚐聖品！

饕客的最愛
老饕牛排與黃金湯

在品嚐主餐前，賓客們一定要先嚐嚐映　景觀餐廳的「黃金湯」。這道湯品以雞骨先烘烤至黃金色，加入洋蔥、西芹、胡蘿蔔、香料等熬煮約八小時，從白濁到澄清的金黃琥珀色湯汁的「黃金湯」，熱騰騰的由上而下淋在新鮮干貝上，佐以蔬菜絲入口，馬上就能感受到滿口濃郁的獨特香氣，挑動你的味蕾，可說是主廚的真情代表作。

上蓋Top Cap又名「老饕牛排」（乾式熟成肋眼上蓋牛排）。由於一條約7至8公斤的肋眼只能取出約20盎司屬於上蓋的部位，極為少量所以非常珍貴，因此這道主餐——「老饕牛排」是需要預約的。熟成牛排的特色在於上蓋部位油脂分布均勻，外層焦香酥脆、內層軟嫩多汁，它的口感可是老饕級的美食行家讚為人間美味、不可錯過的牛排餐哦！

最後，特別推薦「求婚桌」（如右頁），這是映景觀餐廳專為準新人規劃的浪漫角落，位於窗邊的絕佳視野，隱密中又不失浪漫氣息，在花園圍繞的環境及幸福溫馨的氛圍下，已經促成了無數即將步入禮堂的甜蜜眷侶。

WINDSOR HOTEL

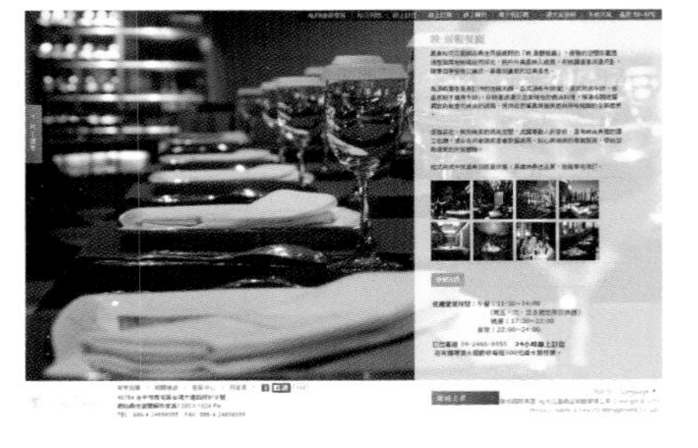

映　景觀餐廳 · WIN WESTERN RESTAURANT

Open Daily：〔午餐〕11:30-14:00（週五、六、日及國定假日）
〔晚餐〕17:30-22:00　〔宵夜〕22:00-24:00

ADD：台中市西屯區台灣大道四段610號8樓

TEL：04-2465-6555

WEB：www.windsortaiwan.com

FACEBOOK：www.facebook.com.tw/windsorhotel

漢來牛排館
GRAND HI-LAI HOTEL STEAK HOUSE

有著新古典主義瑰寶之稱的漢來，是美麗海洋城市的新古典建築地標，

是集文化．建築．美術於一身的藝術宮殿，

食的極致尊榮就從45樓開始……

GRAND HI-LAI HOTEL STEAK HOUSE

新古典主義瑰寶的漢來大飯店，座落於高雄繁華的商業中心。樓高186公尺，足以俯瞰大高雄全景，外觀壯麗典雅，內部裝潢精緻豪華，館內擁有隨處可見的藝術精品、五百四十間舒適客房，擁有十三家中西日式的特色餐廳，而牛排館就坐落在最高樓層四十五樓，賓客可一邊享用美食、一邊欣賞無價的高雄美景。

漢來牛排館開幕至今，有無數的人造訪，能夠如此屹立不搖，最主要是食材新鮮、菜單內容多樣化選擇，更重要的是主廚不斷推陳出新的菜色，服務品質依然是飯店內講究的一環，為的是讓來用餐的客人，都能賓至如歸，期待下一次光臨。賓客從進入漢來大飯店後，可看到漢來整合商業、休閒、娛樂、藝術與國際視野的能力，創造與提供的是全方位的藝術饗宴。

港都頂級牛排館 極致飲食

漢來牛排館不只是港都頂級牛排館，更是行家、饕客品嚐上等各式排餐的最佳去處。上選的肉品及海鮮等食材採用特殊炭烤方式烹調，自然風味畢露，並提供進口新鮮蔬菜沙拉吧及多種豐富甜點、水果，極致美食，供賓客品賞。

牛排館雖走美式鄉村風格，但還是讓人驚艷，無論裝潢用料、擺設等都非常精緻典雅，可說是豪華極致，歐式吊燈簡單大方，用餐安靜、低調、輕鬆，給人舒服的用餐環境，備有獨立包廂，適合多人用餐。

此外，牛排館有多面拱型落地窗，面向市景，視野極佳，白天面對街道可以遠眺高雄市景；晚間則可以透過燈火點點看到熱鬧繁華的街道，視野遼闊。

自助式沙拉吧

自助沙拉吧是漢來牛排館的一大特色，偌大的沙拉吧就座落在一進餐廳門口的左手邊，所有的生菜都是進口的，數量多達十種之多。主廚特別推薦「冷壓式橄欖油」，特有的橄欖味，口感滑順不油膩，特別適合用來調拌沙拉，醋的部分提供三種，有紅酒醋、白酒醋等，另外有多達六至七種配料，還有四至五種的沙拉醬汁。

起司盤則全是法國進口的起司，口味有藍黴起司、高達起司等，起司盤旁還有精緻小蛋糕、點心區。可以滿足不同口味的客人，提供多樣化選擇，雖然進口食材成本不菲，但餐廳內還是用了大量新鮮、高成本的食材，為的就是希望客人吃得健康、滿意。

最完美的味道
乾式熟成牛排

漢來牛排館所使用的都是Prime級的美國牛肉，當然也有雞、豬、羊、海鮮等可供賓客選擇。所有頂級食材都是使用炭烤方式料理，饕客或行家都知道愈是頂級的食材，愈是不需要過多的調味，簡單烹煮才能表現食物本身的原味，只要佐以餐廳精選的玫瑰岩鹽，就能吃出牛肉的鮮甜滋味。

目前牛排館主推「乾式熟成牛排」，這種熟成方式在美國有上百年的歷史。所謂的「乾式熟成」就是牛肉不加任何包裝，置於恆溫、恆濕控制的冷藏熟成室中，利用牛肉本身的天然酵素，以及外在的微生物作用，增加牛肉的嫩度、風味和多汁性，讓牛肉呈現出最完美的味道。

美味的牛肉品項尚有霜降和牛、無骨牛小排、頂級極黑牛肋眼眉與乾式熟成丁骨牛排等，午、晚餐的價位從800至5000元不等。

神奇的特色洋芋

牛排館用餐的每一道主菜都會附上一大顆來自美國愛德華州的洋芋。洋芋的料理非常講究，鋪上海鹽經過火烤，使洋芋可以平均受熱也能保留住洋芋的水分，口感上非常的香甜、鬆軟。搭配一起食用的配料則有酸奶、奶油和培根碎、蔥花，雖然都是簡單的配料，但足可讓吃過的人都難忘。

漢來牛排館・GRAND HI-LAI HOTEL STEAK HOUSE

Open Daily：11:30-14:30　17:30-22:00
ADD：高雄市前金區成功一路266號45樓　TEL：07-213-5763
WEB：www.grand-hilai.com.tw
FACEBOOK：www.facebook.com/grandhilai

參考書目

- Aspen Ridge Natural Beef官網。http://aspenridgebeef.com/
- Certified Angus Beef（安格斯認證協會官方網站）。http://www.certifiedangusbeef.com/，檢索日期：2014年3月10日。
- Certified Humane官網。http://www.certifiedhumane.org
- JMGA：Japan Grading Assoclation。公益社團法人　日本食肉格付協會。http://www.jmga.or.jp/
- Meat & Livestock Australia。澳洲肉類畜牧協會官網，http://www.mla.com.au/Home
- QuickMark。免費QR CODE產生器，http://www.quickmark.com.tw/cht/qrcode-datamatrix-generator/default.asp?qrLink
- Santa Gertrudis Breeders International（聖塔哥迪牛官網）。http://www.santagertrudis.com，檢索日期：2014年3月10日。
- Steak-Wikipedia (2014). http://en.wikipedia.org/wiki/Steak. 2014/1/20.
- The Encyclopedia of New Zealand. http://www.teara.govt.nz/en/beef-farming
- Wikipedia - Sirloin steak. http://en.wikipedia.org/wiki/Sirloin
- 加拿大牛肉出口協會台灣辦事處。加拿大牛隻各省分佈比例，http://shop535.hiwinner.hinet.net/ec99/canadabeef/index_01D.asp，檢索日期：2014年5月14日。
- 台視新聞。營養-大蒜小角色　開胃又提神，http://www.ttv.com.tw/lohas/green16797.htm。台北：台視文化，《常春月刊》第353期。
- 行政院衛生福利部食品藥物管理署官網。http://www.fda.gov.tw
- 東西小棧。http://www.weast.com.tw/，檢索日期：2014年3月10日。
- 城市旅人：【台北・美食】勞瑞斯牛肋排餐廳 嚴選美味上桌。http://blog.yam.com/LitKing/article/71123116，檢索日期：2014年3月10日。
- 美國肉類出口協會。美國牛肉技術手冊，http://www.usmef.org.tw/trade/sell_data/s_product06.asp，檢索日期：2014年3月10日。
- 美國肉類出口協會。美國牛肉熟成之介紹，http://www.usmef.org.tw/trade/sell_data/s_product08.asp
- 美國肉類出口協會。美國農業部牛肉評級制度，http://www.usmef.org.tw/trade/sell_data/s_product06.asp，檢索日期：2014年3月10日。
- 美國農業部官網。http://www.usda.gov/wps/portal/usda/usdahome
- 紐西蘭草飼牛官網（2013）。什麼是穀飼牛？什麼是草飼牛？。newzealandbeef.net
- 紐西蘭草飼牛官網。純淨、天然、紐西蘭，http://www.newzealandbeef.net/index.php
- 國家網路醫院官網。衛生局提醒只要不是原形肉　就是「重組牛肉」，http://hospital.kingnet.com.tw/essay/essay.html?pid=8936
- 國賓飯店。食在安心！兼顧健康與美味　自然牛大行其道。http://www.ambassadorhotel.com.tw/HC/News/hsinchu_news_info.htm?CTID=1892c69a-6ada-4e6d-a5ee-4d32904c89d9&LC=CH
- 陳威任（2010）。〈自然牛奔入五星飯店〉，《聯合報》。http://www.e-stock.com.tw/asp/board/v_subject.asp?last=1&ID=6689365
- 達政食品有限公司官網，http://www.purefood.com.tw
- 維基百科。http://zh.wikipedia.org
- 豪鮮市冷凍肉品有限公司。http://www.eatbeef.com.tw/
- 衛生福利部食品藥物管理署官網。http://www.fda.gov.tw/TC/siteList.aspx?sid=3117#1，檢索日期：2014年3月10日。
- 蕭秀姍、黎敏中譯（2008），麥可・波倫（Michael Pollan）著。《到底要吃什麼？》（*The Omnivore's Dilemma*）。台北：久周出版。
- 錸福食品。加拿大和美國肉牛屠體品質評級對照表，http://www.laifull.com/knowledge_show.php?sn=10，檢索日期：2014年3月10日。

|版|權|聲|明|與|誌|謝|

僅以本篇對於以下所列舉之先進前輩及企業機構表示由衷的感謝！

我在撰寫本書的過程中，由於各位的熱忱與專業的協助、指導、素材，及部分文字與圖片的授權提供、餐點場景拍攝，讓本書能夠如期完成，謹此表達十二萬分的謝意，諸如：

- ©紐西蘭肉品局　Beef + Lamb New Zealand
- ©澳洲肉類畜牧協會
- ©美國肉類出口協會　等等於全書的協助

此外，更感謝下列餐廳給予的大力協助，諸如部分內文、圖片的提供及校正，讓全書更具鮮活，也讓本書完整而全面：

- ©國賓　A CUT STEAKHOUSE
- ©牛仔部落牛排館　COWBOY TRIBAL STEAKHOUSE
- ©快樂小館牛排西餐　HAPPY CORNER STEAK HOUSE
- ©勞瑞斯牛肋排餐廳　LAWRY'S THE PRIME RIB TAIPEI
- ©雅室牛排館　CONTINENTAL STYLE STEAK HOUSE
- ©映　景觀餐廳　裕元花園酒店　WIN WESTERN RESTAURANT
- ©漢來牛排館　GRAND HI-LAI HOTEL STEAK HOUSE

最後，謹在此對所有對本書出版提供幫助的同業先進，一併致上十二萬分的謝意：

- 69攝影工作室　　專業攝影師張維鈞
- Mr. Mark Italian Bistro　　翁丞邦主廚
- 牛仔部落牛排館　　立昶國際有限公司
- 百萬人氣美食部落客　　蕭至瑋（Wiiの吃喝玩樂作業簿）
- 利基整合行銷有限公司　　餐飲行銷顧問劉蓓蓓
- 快樂小館牛排西餐
- 映　景觀餐廳　裕元花園酒店
- 美國肉類出口協會　　吳秋衡處長與行銷部經理孫開聖
- 高雄漢來牛排館
- 勞瑞斯牛肋排餐廳　　方國欽行政主廚
- 雅室牛排館　　范光勳、賴鴻昌先生
- 詮揚股份有限公司　　業務部協理虢正游
- 博躍國際顧問有限公司　　資深技術顧問龔振華與特別助理邱怡婷

（以上依姓氏筆畫順序排列）

蔡毓峯　申謝　2014年6月

國家圖書館出版品預行編目資料

嚛牛：牛排全蒐錄 / 蔡毓峯作. -- 初版. -- 新北市：
葉子, 2014.07
面； 公分 --（銀杏）
ISBN 978-986-6156-15-1（平裝）

1. 烹飪 2. 肉類食物

427.212 103009813

銀杏

嚛牛：牛排全蒐錄

作　　者：蔡毓峯
圖　　片：紐西蘭肉品局 Beef + Lamb New Zealand、澳洲肉類畜牧協會、國賓 A Cut Steakhouse、牛仔部落牛排館 Cowboy Tribal Steakhouse、快樂小館牛排西餐 Happy Corner Steak House、勞瑞斯牛肋排餐廳 Lawry's the Prime Rib Taipei、雅室牛排館 Continental Style Steak House、映 景觀餐廳 裕元花園酒店 Windsor Hotel Taichung、漢來牛排館 Grand Hi-Lai Hotel Steak House
出　　版：葉子出版股份有限公司
發 行 人：葉忠賢
總 編 輯：馬琦涵
企劃編輯：范湘渝
美術設計：比比司設計工作室
印　　務：許鈞棋

地　　址：222 新北市深坑區北深路三段260號8樓
電　　話：886-2-86626826
傳　　真：886-2-26647633
服務信箱：service@ycrc.com.tw
網　　址：www.ycrc.com.tw

印　　刷：柯樂印刷事業股份有限公司
ISBN：978-986-6156-15-1
初版一刷：2014年7月
新 臺 幣：380元

總 經 銷：揚智文化事業股份有限公司
地　　址：222 新北市深坑區北深路三段260號8樓
電　　話：886-2-86626826
傳　　真：886-2-26647633

222-04
新北市深坑區北深路三段 260 號 8 樓

揚智文化事業股份有限公司　　收

□□□-□□
地址：　　市縣　　鄉鎮市區　　路街　段　巷　弄　號　樓
姓名：

書號 L5119　　　　書名 **喫牛：牛排全蒐錄**

葉子出版股份有限公司

讀・者・回・函

感謝您購買本公司出版的書籍。
為了更接近讀者的想法，出版您想閱讀的書籍，在此需要勞駕您詳細為我們填寫回函，您的一份心力，將使我們更加努力！！

1. 姓名：______________
2. 性別：□男　□女
3. 生日／年齡：西元______年______月______日______歲
4. 教育程度：□高中職以下□專科及大學□碩士□博士以上
5. 職業別：□學生□服務業□軍警□公教□資訊□傳播□金融□貿易
□製造生產□家管□其他______
6. 購書方式／地點名稱：□書店______□量販店______□網路______□郵購______
□書展______□其他______
7. 如何得知此出版訊息：□媒體______□書訊______□書店______□其他______
8. 購買原因：□喜歡作者□對書籍內容感興趣□生活或工作需要□其他
9. 書籍編排：□專業水準□賞心悅目□設計普通□有待加強
10. 書籍封面：□非常出色□平凡通□毫不起眼
11. E-mail：______________________________
12. 喜歡哪一類型的書籍：______________________________
13. 月收入：□兩萬到三萬□三到四萬□四到五萬□五到十萬以上□十萬以上
14. 您認為本書定價：□過高□適當□便宜
15. 希望本公司出版哪方面的書籍：______________________________
16. 本公司企劃的書籍分類裡，有哪些書系是您感到興趣的？
□忘憂草（身心靈）□愛麗絲（流行時尚）□紫薇（愛情）□三色堇（財經）
□銀杏（健康）□風信子（旅遊文學）□向日葵（青少年）
17. 您的寶貴意見：

____

☆填寫完畢後，可直接寄回（免貼郵票）。
我們將不定期寄發新書資訊，並優先通知您
其他優惠活動，再次感謝您！！